你也可以年薪千萬

20堂成功致富的黃金課程

李幸秋、趙久惠◎著

匡邦文化

耕耘女傑
世紀新秀

呂秀蓮

女性的卓越表現開展企業新局面

文／黃河明

在以知識和資訊爲主要基礎的知識經濟時代中，女性的才華終於展露，成就普受肯定。未來學家奈斯比曾在「2000年大趨勢」一書中特別用一整章的篇幅預言新世紀將是女性出頭的時代。

本世紀才一開始，我們就看到了他的預言的靈驗，以資訊產業而言，惠普科技選出全球矚目的女性領導人菲奧莉娜爲跨世紀領航人，果然不同凡響，不但領導才能出眾，更成爲全球媒體的焦點。國內的資訊業也不乏才女受到拔擢，新惠普、英代爾和微軟等在台分公司紛紛以巾幗英雄掛帥，本土資訊產業，特別是軟體公司，更常見女性的董事長和執行長，表現卓越，令人敬佩。

女性的成就當然不限於在創業或領導企業方面，我們看到在整個資訊產業中不論是經理人或專業工作者中，女性的比例甚高，遠優於其它產業的平均數，這是知識型產業的特徵。

其實女性的地位上昇，所得增加是時代演進的必然結果。在農業時代，女性受限於體力，又要生養一大群兒女，自然只能擔任家庭主婦的工作。工業時代的前半段時期，女性固然也有少數擔任企業工作，但不易與男性競爭，直到上個世紀的後半世紀，科技的進步及企業的專業分工，使許多傑出的女性開始嶄露頭角。

現代的專業工作需要的是創造力、專業知識和人際溝通能力，女性在這些方面的表現毫不遜色。特別是在需要耐性、細心或者溝通方面的工作，我看到女性的表現往往優於男性，企業中的財務會計、行銷業務、公關企劃、軟體開發、人力資源等部門主管愈來愈多由卓越的女性擔任。我們應該可以預見在新世紀的「知識經濟」社會中，女性將有更多揮灑的空間。

有一次我參加一個探討「未來企業領導人」的座談會，同台討論的包括了張忠謀、施振榮兩位董事長。那時，適逢惠普的前任董事長兼執行長普烈特宣佈要退休，惠普已組成一個新執行長的遴選委員會，從內部和外部許多候選人中進行評選，由於許多消息指出不論內部或外部人選中呼聲最高的一位都是女性，所以我在那次的座談會中大膽預言惠普的新執行長將由女性出任，不出兩個月，菲奧莉娜脫穎而出。惠普在人性管理上舉世聞名，對女性的重視也領先美國五百大企業，這項廣受矚目的人事決策應該可看成新時代的里程碑，美國企業女性升任執行長的比例必會逐年增加。

這本書介紹並報導在台灣資訊產業界成功的女性專業經理和創業家，我有幸認識其中好幾位，其中林若男更是在惠普工作時的同事，並且也是極力栽培的人才。這幾位卓越的女性人才能在激烈競爭的資訊產業中出人頭地，都有一些特質和過人的努力，她們不只是聰慧機敏，更是敬業樂群。她們的成功不只為有心在資訊業界發展的女性樹立良好的典範，更可鼓勵其他產業的企業重視女性的優點，在人才晉用上給予女性足夠的機會，擺脫女性應該留在家裡的傳統觀念。積極培養人才的企業更應擬訂政策，允許彈性工作時間和地點，協助女性員工照顧家庭，讓她們可以兼顧工作與生活。

新世紀的企業競爭無疑將是人才的競爭，女性的潛能若能發揮，企業若能加以重視，將會產生意想不到的好結果。這本書的出版，具有積極正面的啓發作用，值得細讀與深思。

關於黃河明
現任資訊工業策進會董事長
前任惠普科技台灣分公司總經理

知識經濟時代成功有道

文／吳子倩

知識經濟時代帶來的轉變，帶給女性新的量能，而能夠更自在的發揮潛能。

本書中收錄的文章報導了台灣科技界的女性傑出人才，在人生中全力以赴，奮鬥有成的故事，她們無論是從事研發、或是行銷、或是管理，都是朝氣勃發並不斷成長學習，開創出自己的天地及新的價值。

隨著日益精進的資訊科技及知識密集化的加速，不論是在學術界、工業界或生活實務面，因學習障礙降低及工作效率提高，女性在快速變革的新興或科技產業領域，更可能擔任複雜重大的推動角色，並帶給工作團隊及多元的現代社會，更柔韌的纖維組織及前瞻創新的勇氣。

企業領航者必須要能保持清晰的視野、高度熱誠、專注目標並轉化理想爲群體的動能，而女性有包容、整合的特質，若能再擅加運用有效的知識系統，就更能進一步啓發組織創造力，將組織的力量更有效的發揮出來，在快速進步及全球競爭的環境中脫穎而出，對社會及國家進步積極的參與，並作出先導的影響及貢獻。

所謂有爲者亦若是，讓我們一起努力，參與在二十一世紀的新力量結構，這將帶給社會的下一代更全面、更平衡的進步與發展。

關於吳子倩

現任台積電副總經理

目錄

不遺餘力提拔後進

在生技製藥界裡，我不想當國王，我只樂於當國王製造者！

王富美◆台灣生醫科技董事長

成功特質

◆付出忠誠，贏得信任
◆重視目標管理
◆做事全力以赴，做人大智若愚
◆把握機會，勇往直前
◆期許每位員工都成為老闆
◆培養注意新商機的習慣

十二年前決定出來創業時，曾被先生預言下場可能「就像其他醫生娘拿錢出來玩股票，玩輸了就回家」的王富美，沒想到，跌破大家的眼鏡，不僅沒有「玩輸」，還成了這波生物科技熱的領航者之一。

以台灣生醫科技爲控股公司，旗下擁有四家橫跨中西藥品研發、各類檢驗試劑的開發、醫療體系e化規劃，以及現今最熱門的生物晶片研發與基因訊息等子公司的王富美，個子雖然嬌小，心胸卻很廣大，一手建置出台灣生醫在生技製藥上完整的上、中、下游體系。

而業界人稱王姊的台灣生醫科技董事長王富美，在自己的事業之外，更在生技界扮演創投天使以及顧問的角色，不遺餘力地提拔後進。

在工研院電子所負責生物晶片研發計畫的王獻煌，三年前與朋友一同創業成立晶宇生技公司。對於行銷市場陌生的他們，找到了台灣生醫的董事長王富美當顧問，透過王富美對台灣藥劑市場行銷管道的熟稔與分析，晶宇生技研發出的「腸病毒」檢測晶片，猶如打了一針強心劑，很快的打進主流市場。

她自己共創辦了十二家公司，培養不少優秀的員工成爲總經理，王富美說：

「在生物科技界，我不想當國王，只樂於當國王的製造者。」

付出忠誠，贏得信任

二〇〇〇年摩根史坦利第一次在美國舊金山舉辦全球生物科技高峰會，應邀代表台灣出席的只有兩人。一位是台灣生醫科技董事長王富美，另一位是國立陽明大學教務長洪傳岳博士，這兩位分別在台灣的生技製藥界及學術界享有盛名的專家正是一對夫妻檔。

一九七三年從台北醫學院藥學系畢業的王富美，先是在台大化學系擔任一年的助理兼助教。第二年走入製藥界，以不到二十六歲的年紀，就當上台灣製藥界最年輕的廠長。

一九七五年間，二十五歲不到的王富美與當時已經七十歲的蔡朝宗爲挽回亞細亞藥廠的頽勢，決定另闢奚徑再設新廠。爲籌設新廠，年紀相差近五十歲的這一老一少，走遍桃園地區，從廠地的勘察到製藥鍋爐或儀器的添購，半年間就設立了大亞藥廠，並且開始量產。

二十六歲就成爲大亞藥廠廠長，創下國內最年輕藥廠廠長的記錄，王富美自認爲這是一個意外的機會，才會讓她幸運地走上捷徑。當時公司情況並不好，很多人都走了，但她的「愚忠」，讓她覺得自己有義務也很想幫助老闆把新工廠做起來。當然這也要老闆願意用她，爲了讓她快點成長，當時身爲台灣三大藥廠老闆之一的蔡朝宗親自教導她很多事。

重視目標管理

對初入社會的年輕人來說，若人生中每個工作上的轉折點，都能碰上對自己提攜不餘遺力的好老闆，將是人生最幸運的事。從經驗豐富的長者身上，不僅可學習到工作的智慧，也可學習到如何對部屬充分授權，重視目標管理的精神。

秉持著這樣的精神，王富美雖然全力協助公司東山再起，但從來不跟老闆談價碼，要求薪水。在她的觀念中，你不計較，老闆反而願意給你多一點。從剛進公司的月薪四千元，三年後，她的薪水就已經倍數跳爲兩萬元了。

她努力工作的目標是要讓公司「好」還要「更好」！

後來因爲結婚的關係，王富美辭去大亞藥廠廠長一職，與先生洪傳岳應邀到剛成立的台北醫學院附設醫院服務。兩人是醫院第一個報到的藥劑師與內科駐院醫生。王富美說，當時因爲對於醫療體系有滿腔熱血，所以他們這一群在當時來說，算是觀念新、願意奉獻的新生代駐院醫師，就聯合起來規劃開辦夜間門診，在一九七七年間，可說是當時醫療體系上的創新之舉。爲了開辦夜間門診，有一段長時間，大家累了就睡在醫院，卻不以爲苦，依然樂於爲病友提供更好的服務。

一九八〇年，洪傳岳醫師被選爲當年最傑出的醫師，考取教育部公費留學，前往英國倫敦大學攻讀醫學博士。隨夫到英國求學的王富美，更執業於St. Lenoard Hospital爲該院第一位中國藥劑師。

做事全力以赴，做人大智若愚

一九八二年，王富美到美商寶鹼（P&G）公司工作，當時寶鹼在台只有代理商，市場荒蕪一片，極待開拓，她對總公司交代的事全力以赴，她說，做事是要有技巧的，首先要弄清楚人家想要你做什麼事，而且溝通很重要。那時公司的主管都是在海外，她爲了掌握適當的時間和主管溝通，報告對當地市場的一些新建議，常常三更半夜爬起來打電話。積極認眞的工作方式，讓王富美短短兩年內在世界一流的公司中作到行銷處處長。

但是做人方面，她的哲學是「大智若愚」。她說，若常常要因爲別人的話來影響自己做事，就太麻煩了。要讓人尊重你，聽到自己的壞話，有過則改之，但不用花太多時間刻意去討好別人。

做人凡事不要太計較，朋友當中有很多貴人存在。但做事就要計較，心有餘力，還要學習，並且樂在學習中。

把握機會，勇往直前

一直服務於製藥界的王富美，爲何立志要成爲台灣生物科技新生代的搖籃？這與王富美心中的「嚴師」，也就是她的先生，現任健亞生物科技副董事長洪傳岳博士有很大的關連。

擁有倫敦大學醫學博士學位的洪傳岳，曾任國立陽明大學傳統醫藥研究所所長、教務長，是一個治學嚴謹的學者。王富美隨著先生到英國倫敦大學及美國哈佛大學留學期間，有幸親炙多位諾貝爾醫學獎大師級的人物，領略了生物科技的無窮奧妙，因此回台後，就希望能爲正在萌芽的台灣生物科技盡一份心力。

一九八八年，王富美決定自行創業。平日待人謙和，氣質溫婉、優雅的王富美，並不想只躲在家裡當個養尊處優的先生娘，可是她並未獲得家人太多的支持。先生後來同意，只是尊重她的決定和能力，讓她去「玩玩」。

「人的一生是很多機會的組合，走到雙叉路面對抉擇時，我總是會考量，如果A機會失去，就不會再有，我就會選A之後，勇往向前走。」

不過王富美還是給自己的創業設定一個「可容許度」，以五百萬元的資金，抱著隨緣和盡力就好的心態展開創業之路。

一開始先成立洪恩企業，初期業務以專營藥品、疫苗及環境用藥爲主。由於業務成長飛快，又在一九九一年間成立保健科技，擔任「普生公司」生物科技產品的總代理，推廣由國人自行生產的生物製劑產品，一舉拿下台灣肝炎檢測試劑60%的市場佔有率。現在這兩家公司的營業額加起來超過億元。

在經營策略上，王富美一邊走的是高檔功能性產品的作法，和國外的大公司策略聯盟；另一邊則堅守傳統產業「買低賣高」的商業作法，保障公司的基本生存。同時堅守一種產品就是一家公司的發展策略，所以在短短的十二年間，子公司林立，後來併入台灣生醫的就有四家，其他個人的投資事業還有八家。

期許每位員工都成為老闆

由於王富美致力推動台灣的醫藥生物界提昇，成就非凡，新華社於一九九九年選拔爲台灣傑出女企業家，榮膺爲女企業家協會副理事長，受中國大陸主席江澤民先生之邀，與江主席於中南海並座談論八十分鐘，北京電視台以兩天的頭版播出；並與大陸婦聯領袖陳慕樺、顧秀蓮、華福周等共同研商成立兩岸婦女商業聯盟，實際推動可行性個案，成績斐然。故於二千年再度榮獲胡錦濤先生召見表揚爲台灣傑出女企業家的殊榮。

王富美對員工最大的期望，就是每個人都能成爲老闆。爲了提攜有能力成爲總經理的員工，王富美自許台灣生醫爲總經理的養成班，幫助這些年輕人省下創業時的開辦費與摸索市場的時程，並毫無保留地傾囊教授，樂於讓新創事業的員工運用自己的人脈與資源。王富美說：「在生物科技界，我不想當國王，只樂於當國王的製造者。」

有遠見則是王富美在生物科技界維持優勢地位的重要原因。平均每星期她會讀完一篇有關醫藥研發最新的論文，再透過和醫療界精英頻繁的互動，常會因此擦出智慧的火花或是發現新的研發方向，她家就常常是生物科技業新生代請益之處。

像晶宇科技最新開發出來的腸病毒檢測晶片，價格較國外檢測晶片便宜一半不說，連檢測時程也從一天縮減到六個小時。負責人王獻煌說，在研發過程中，王富美對於生物晶片市場的掌握與諮商建言，猶如提壺灌頂，讓他們很快地站穩腳步。

培養注意新商機的習慣

當初即使是在這行深具專業的先生都不看好她的創業，但王富美卻能開枝散葉，一家又一家地創立新公司。初期爲了能讓自己以前經驗的累積有所發揮，也讓公司的開創期和潛伏期縮到最短，她選擇從自己原來熟悉的藥品市場開始。她也建議想要創業的人，首先要抓住自己的目標，在爲別人工作的期間，先學著設身處地把自己當作老闆來思考決策和做事的方式；同時要培養注意新商機的習慣。機會總是給已經有所準備的人，如果你沒有準備，可能貴人從你身邊走過你都不知道。

王富美認爲這世上對她最重要的三件事是：親情、知識和健康。若是工作會影響到親情她就不會做。住在天母的她，把圓山飯店當作她每天上下班時的心情轉換站，從台北市區開車回天母的路上，一到圓山飯店，她就轉換成家庭主婦的角色了。先生是她在專業上諮詢的對象，但對於各自的事業，各自作決策，誰也不干涉誰。

「每個人都只是人間過客，對我而言，只希望周圍的親人或朋友，因爲有我的存在，每個人的生活變得更豐富，也更快樂。」創業也是如此，王富美自謙說，老是被一群年輕人拿著問題與新的營運計畫追著跑，在這些衝擊下，她被逼著要在生物科技界中不斷的前進，雖然辛苦，卻也樂在其中。而她的人生願景，無非就是看著自己一手培育出來的的年輕創業家，一個個在生物科技界逐漸開花結果！

積極的生活態度

當機會來臨時，勇於掌握

何麗梅◆台積電會計長

成功特質

◆勇於嘗試

◆誠懇的專業態度

◆不能停止進步

◆交友無分名片頭銜大小

◆強調EQ管理

◆在感恩的步履中成長

一九九七年間亞洲金融風暴吹來，新竹科學園區的廠商逐漸感受到逼近的寒意。坐在德碁半導體財務長辦公室的何麗梅，翻看手中的財務報表，一股冷意直竄腦中。

由於韓國半導體大廠大舉傾銷，一顆16百萬位元DRAM價格從9美元一路降到2.5美元的變動成本邊緣，再加上德碁的負債是以美元計價，匯兌的損失更加劇了報表上鮮紅赤字的幅度。面對連續兩年五十億元的巨額虧損，讓何麗梅這個與德碁有著革命情感長達九年的專業經理人，無力感頓生。

在當時人人自危職位不保的景氣風暴下，何麗梅卻向高層進言，如果公司可以請到更好的專業經理人來救公司，她願意讓賢。

在好朋友南山人壽處經理謝綺霞的眼中，何麗梅就是這樣一個正直、無私，總是盡忠職守，將保護公司列為第一位的傻大姐型人物。所以當世界級的公司台積電透過關係邀請何麗梅擔任會計長時，她心中還是放不下德碁，堅持要把德碁的財務問題處理告一段落，半年後才到台積電任職。謝綺霞說，在台積電合併德碁後，外界戲說何麗梅是「鳳還巢」，其實何麗梅壓根不知道整個合併案的過程，純粹只是機緣巧合！

「離開德碁時，其實心裡很洩氣，經常反問自己爲什麼公司救不起來？知道德碁營運情況的同業卻很清楚，當公司的經營團隊出現分岐的看法，向心力變弱，再加上大環境變壞時，任何人都難挽回頽勢。」

當她向施振榮提出辭呈時，原本擔心會傷了他的心，沒想到施振榮知道她將到台積電服務時，只簡短地說：「TSMC是一家好公司，要是別的地方，我就不會讓妳去。」施振榮爽快地答應讓何麗梅離開！他的泱泱大度讓何麗梅終生感念。

勇於嘗試

原本讀會計的何麗梅，爲什麼在德碁任內有如此靈活的財務操作本領？何麗梅笑說，這得謝謝過去她在台灣慧智財務部門的主管劉健郎。一九八五年，當她離開台灣氰銨時，劉健郎大膽晉用她這個完全沒有財務背景的人，並允許她一路做、一路問、一路學。

一九九〇年來到由德州儀器與宏碁合資成立的德碁半導體工作時，何麗梅說，當時銀行團對什麼叫DRAM都很陌生，由於這是台灣第一家DRAM廠，她還記得籌募建廠資金時，她像個業務員般地向銀行團展示什麼叫DRAM。

當時因爲德碁的外國股東不希望員工拿股票，影響到公司的經營權，但是在國內的高科技公司中，不配股票給員工很難留得住人才，勇於嘗試新觀念的何麗梅採用了一項新金融工具，爲員工設計了沒有投票權的特別股，兼顧了外國股東和員工的需求。後來爲了幫股東省稅，又再發行一次特別股以取代股利的發放，這次她親自出馬向工業局爭取，讓員工得以使用資本利得免稅的條款，省下一筆稅金。

由何麗梅領軍的德碁財務小組，從早期的銀行聯貸、建廠資金的籌措，到上市上櫃的規劃，以一次次成功的戰役，在宏碁集團這個男性當家的環境裡，贏得了高層的信賴，獲升爲集團中極少數的女性副總經理。

何麗梅曾在一九九三年獲得「傑出財務主持人」的榮耀。在新竹科學園區財會專業經理人圈中，有人說何麗梅是最會幫公司向銀行借錢的人，因爲她在德碁半導體服務期間，幫公司向銀行間聯貸的金額高達十億美元。也有人說，她財務操作靈活，勇於嘗試新的金融工具，像是發行特別股、外匯避險、設備租賃等。

誠懇的專業態度

在和她往來的銀行人員眼中，何麗梅即使換工作，不變的仍是誠懇、始終如一的專業態度，絲毫不因公司招牌大、很風光，就傲氣萬分。就是這份平常心與對人的尊重，當公司面對不景氣時，銀行團也多能以尊重的態度繼續保持配合。

何麗梅說，在德碁有過銀行天天排隊來拜託你借錢的好日子，那時她都會告誡屬下，這是因為我們扛著一個好公司的頭銜，所以不要太自我膨脹，對銀行人員不可姿態過高。所以當公司經營狀況變差，她反過來要去拜託銀行放寬貸款條件時，銀行也不會刻意打壓。

雖然德碁後來因合併案成了消滅的公司，但是對創業元老何麗梅來說，「那美好的一仗，我們曾經參與過」，這段經驗讓她永誌難忘。

到台積電擔任會計長一職，對何麗梅來說是回歸老本行，但她卻不容許自己用舊方法去面對新職務的挑戰。何麗梅要求同仁們和她一起跳出「會計」的小門，瞭解Business，積極溝通參與公司事務，不能只抱著一成不變的做事方法和自我設限的態度。

「企業主會從數字上找到管理的契機，所以擔任會計者，要在快與準之間做選擇，不要影響到企業主的決策時間，這是我重視管理會計的原因，所以對台積電會計部門的流程效率的提昇，是我首要目標」，何麗梅談到現在工作的重心。

剛開始改革時，公司有八成的同仁都存疑，認為怎麼可能把台積電的結帳期從三天半縮減成一天，何麗梅說，她先營造士氣，每週參與會議，讓同仁知道她對此案的重視；並改變財會人員根深蒂固的觀念，教導他們：「早兩天拿到財報可能產生的商機價值，遠高於一份一毛不差卻晚到的財報」，凝聚共識後，歷經一年多的流程調整，現在一天就可以結帳，從來沒有出過差錯。

何麗梅說，會計人員的通病是過度重視枝微末節，比較容易見樹不見林，結帳時耗費太多時間重覆核對電腦報表。改善電腦系統及作業流程後，一天就可以輕鬆完成結帳，在今日高度競爭的商業環境下，結帳已不是會計人員的主要工作，分析財務資訊，讓數字幫助管理決策，才能創造更高的業務價值。

不能停止進步

她常告訴同仁，台積電要做台灣科技業的標竿，要達到世界級的水準，所以每位員工都不能停止進步。因爲會計是公司整個流程的末端，爲了讓工作順暢，她鼓勵財會同仁要站到流程的前端去，參與所有流程的設計。

同時她也強調全員學習，從去年開始在會計部門推動提升整體競爭力的計畫，分析各個員工所欠缺的能力，該練英文、電腦的就去上課，要加強公司法、稅法的也去上課。她說，台積電這十年來成長很快，員工可能跟不上公司成長的腳步，所以必須進行人力素質提升的計畫，這樣才能進而提升組織的效率。「不能讓大家變成醬缸裡的醬菜了」。

身處變化快速、競爭激烈的高科技業，何麗梅認爲work hard在台積電是必要的條件，但要出類拔萃就要找到好方法，work smart，而且要讓你週遭的人一起跟你聰明地工作。她自認是相當授權的主管，也是講求結果的人，她不會干預員工工作的過程，但會以結果檢驗流程是否適當。

交友無分名片頭銜大小

「何麗梅交朋友沒有名片上頭銜的限制。」四年前因一紙保單業務接觸，彼此成爲好朋友的謝綺霞，是這樣形容這位被喻爲園區最有價值的女性專業經理人之一的何麗梅。

與何麗梅同一天生日的廖志桓建築師則說，何麗梅在做事方法上極富有實驗精神，不懂就請教專業，對於她所不擅長的事，她善於傾聽與尊重。他因爲幫何麗梅裝修房子，彼此成了互動密切的兩家人。

台積電公關經理郭珊珊也提到，在園區工作的女性專業經理人中，不少人是以何麗梅爲榜樣，希望像她一樣，既能在工作上有出色的表現，回到家中經營起三代同堂的家居生活，一樣得心應手。問她如何兼顧工作與家庭？答案竟是「其實也還是無法完全兼顧」，只能重點式的照顧，並在各方面保持平衡。請長輩、先生、孩子們一同分擔，倒也養成家人既能獨立又能彼此分享的和諧關係。

從第一份工作開始，何麗梅就是處在以男性爲主的工作環境中，但她總認爲性別在專業的職場中是不會成為問題的，加上她個子高䠷，氣質優雅，性情爽朗，在與男性共同工作時，相處上一直很融洽。

何麗梅認為，女性在工作上還是以專業最重要，腦袋裡的東西會比腦袋外的重要。但談吐、穿著和舉止也要合宜，像有些太搶眼的顏色她就不會在工作場合上穿，就是不希望人家過於注意到她專業以外的東西。

因為女性常身兼多重的角色，她認為擁有積極的生活態度也很需要。她會觀察女性員工是否每天早上精神抖擻地來上班？工作以外的時間是如何安排？如何作健康管理？如何維持親子和家庭關係？因為唯有安排好工作以外的事，做起事來才無後顧之憂。

強調EQ管理

另外ＥＱ的管理對女性來說也是個重點。很多人都認為女生的毛病是情緒起伏太大，她說，女性不要老是說：「你不懂我的心」，還要別人去猜你的心情。如果別人不了解，你就應該去溝通，保持穩定的心情才能與人共事。

注重大格局也是再上層樓的條件，何麗梅認爲女性有時會太注重細節，反而容易提醒別人自己是女性的身分，所以要培養自己掌握重點的能力，而且不要忘記不斷地學習。

其實她覺得只要是在一個平等對待男女員工的企業裡，女性不會屈於劣勢，因爲女性的身段較柔軟，不會有大架子，溝通時也不會硬梆梆的。而且女性細心，對數字敏感，所以很適合作財會工作，也有很多財會主管是女性，但爲什麼不能更上層樓，她認爲主要是自我設限，總以爲自己無法身兼多重的角色。

其實，女性只要自己把框框拿掉，別人也會拿掉框框，把妳當成中性的角色。以她自己爲例，要把各種角色安排好，沒有人的時間是夠的，身兼數職時，要區分哪些角色是可以取代的，哪些不能取代，母親和妻子的角色無法取代，但勞力可取代。不要要求事事一百分，做到平衡就好。

在感恩的步履中成長

走過公司生意鼎盛的好時光，也遇上公司江河日下，慘遭收購的苦日子，何麗梅認爲自己的人生很豐富。她以感恩的心情，看待德碁那段景氣起伏的時光，讓她擁有生涯的完整性。

從德碁到台積電，很多人都會羨慕她擁有員工股票分紅的好工作。但對每天在數字堆中打滾，又在競爭激烈的高科技上市公司工作，常常必須超時加班的何麗梅而言，她認爲能趕上這一波半導體成長的風潮是很幸運的，因爲在辛苦的努力下，報酬的確遠較其他產業豐厚。因此更應該知福、惜福，回饋社會。何麗梅現在也擔任公益團體監察人，有更多機會看到一些熱心公益的志工，不計報酬地付出他們的時間及愛心，這種精神常常令她十分動容。

郭珊珊也分享了一個小故事，去年當新竹仁愛啓智中心來勸募教室整建經費時，何麗梅和先生劉淙漢二話不說就認養了一座祈禱室。這就是何麗梅，在好友眼中，一個處世清朗，待人慷慨的女性專業經理人。

勇敢迎向新挑戰

忘記背後，努力面前目標，向著標竿直跑

吳惠瑜◆英特爾台灣區總經理

成功特質

◆不斷接受各種工作磨練
◆適才適任發揮個別專長
◆全方位獲悉市場趨勢
◆協助員工成長
◆作好目標管理
◆有能力為產業做事

英特爾（Intel）這個響亮的名號，在電腦業界無人不曉。能夠進到英特爾工作，等於就站上了國際舞台。

而現在台灣的舞台上正站著一位活力四射的女性總經理——吳惠瑜。

她加入英特爾的第二年，就獲得英特爾成就獎（Intel Achievement Award）；一九九六到一九九八年，連續三年獲亞洲區最傑出經銷通路經理獎，塑立了她在通路市場的地位。任職英特爾十三年間，平均每三年轉換一個全新的職務，從客戶服務代表、OEM業務經理、經銷業務經理、亞太經銷經理等。每個階段她都勇敢地迎向新挑戰，終能從一個小業務員，步步高升，登上台灣區總經理的寶座。

現在的她，不只想爲公司做事，也更希望能運用英特爾的影響力，爲台灣的產業界作出更多的貢獻。

不斷接受各種工作磨練

目光炯炯有神、思考迅速、邏輯推理能力強的吳惠瑜，對於工作成長的要求很高，總是不斷求新求變。大學畢業初期，為急速成長，不斷地轉換跑道。第一份工作是在昌寶 LED 工廠，後來到高林集團以及荷商公司擔任採購，她的學習速度很快，不耐煩傳統產業成長緩慢的氣氛，最後終於進入具高度挑戰性的電子科技業，而且是龍頭公司英特爾。

吳惠瑜加入英特爾的第二年，就深深為電子產業的特性所吸引。她發現對年輕人而言，電子業是個憑眞本事就能有表現空間的環境，自己的學習能力快，遇上變化萬千的電子產業，眞是如魚而水。而且有機會不斷接受各種工作的磨練，因此一待就是十多年。

在英特爾的歲月中，最受肯定的是她經營經銷商通路的實力，以及獨到的行銷觀念。

由於她在通路上的改革，讓通路的業務量提昇了三倍。在一九九五年時，通路只佔英特爾業務量的 10％，吳惠瑜接手後，到二〇〇〇年，台灣通路商已佔到 30％的業務量，五年間就有明顯的成長。

適才適任發揮個別專長

她把台灣的經銷商分成幾類，適才適任地發揮個別的專長，所以不是每個經銷商都擁有相同的產品線。像有的經銷商在大宗物品的物流進出很有經驗，出貨的速度快、效率高，很適合處理成熟的產品，例如微處理器（CPU）。因爲這類產品的市場價格變化很快，經銷商送貨的速度快，業者就不用揹庫存。有的經銷商適合做新產品的通路，像PDA之類的商品。因爲這些經銷商有協助考察新市場的能力，也比較能掌握新產品的發展趨勢。

由於她在台灣通路上展現的經營實力，英特爾決定調派她前往韓國分公司進行改革。一開始轉戰重男輕女的韓國市場時，她曾因女性的身分而受到男同事的質疑，韓國職場很不能認同女性擔任指揮作戰的主管地位。爲了克服性別認同的障礙，吳惠瑜除了適時展現專業能力外，還用心傳授男同事解決難題的方法。

之前，吳惠瑜在台灣經營七到八家的經銷商，都做得有聲有色；但在韓國市場，當地分公司的同仁僅處理三家經銷商，就累得人仰馬翻！因此，她以在台灣管理經銷商的豐富經驗，研擬一套績效評估的方法，教導韓國員工如何去管理經銷商。

她說，韓國和台灣市場有共同的特色，過去都是封閉而且是因人而治的環境，公司的員工希望有更公開、公平的制度。所以她在韓國任職時做了兩項改革：

一、對通路進行產品訓練。

過去通路傳統上被視為消化庫存的地方，只有物流的功能。但吳惠瑜認為「經銷商可以是廠商手臂的延伸」。辦公室的人不可能接觸到那麼多的中小企業，經銷商也不應該只是出貨或收錢的地方，還可以提供產品知識、技術支援和策略訂定的服務。

所以她上任後，首次對通路商進行教育。規定每季一次面對面的座談，每個月開一次二到四小時的產品教育訓練，頒獎給考試成績前三名的經銷商，同時考試的表現也作為下次經銷商合約是否續約的參考。她說，這樣經銷商就會把注意力放在產品上，而不是一味殺價競爭。

二、評估經銷商將計畫（project）發展為產品（product）的績效。

通路商可以發現很多的生意機會，英特爾也可以提供規格給客戶作設計，但經銷商提出的計畫需求，有多少比例眞正發展爲產品，以前都沒有人去注意。吳惠瑜要求做績效記錄，經銷商提出的計畫能轉化爲產品的機率越高，經銷商就越能得到重視。

英特爾公司發佈任何一個策略，對經銷商的利益影響都很大。但有一定的制度作爲績效管理的依循，經銷商就知道如何做，才可以提高他在英特爾的地位，而不是去打聽要巴結誰。韓國分公司經銷商管理的難題迎刃而解，吳惠瑜贏得了同仁的肯定，她的性別也不再是個問題。

全方位獲悉市場趨勢

吳惠瑜對市場趨勢及行銷的嗅覺也很敏銳，從她參展的格局就可看出跡象。一般台灣參展廠商多半只是將展覽會場佈置得美侖美奐，再加上辣妹表演等動態活動即可交差。但是國際級大廠英特爾每次參展，都會將展覽的城市當作整個大會場，例如台北國際電腦大展舉辦時，英特爾從台北市往來的公車、廣播電台到展覽場地等，完整作一系列的造勢活動，展現的效果就不同凡響。

她的作法讓微星行銷部經理賴玉琳有提壺灌頂的感覺，二〇〇一年微星在台北Computex展中的造勢活動，也從地鐵、廣播電台、機場、一直到展示場作整體設計，效果果然和以往不同。賴玉琳說，這種從英特爾傳達出來的行銷觀念，對微星科技影響很大。

英特爾亞太區總裁陳俊聖一路擢升吳惠瑜出任要職，他認爲，吳惠瑜的領導氣質很強，很能開創新舞台，帶領同仁將團隊的實力發揮出來，並促使部屬成功。即使市場景氣低迷，但她所帶領的team卻仍有銷售佳績。目前全球不景氣，台灣的英特爾業務還是有成長，好到讓美國的總公司刮目相看。吳惠瑜說，上次她在美國總公司遇到總裁時，總裁問起生意好不好？她報告去年第四季的成績，總裁還以爲聽錯了，沒料到成績這麼理想。

技嘉業務部協理卓聖垣，當年曾在英特爾與吳惠瑜共事六年，他覺得吳惠瑜個人優勢是勤於學習新技術，不恥下問，能將技術知識融會貫通。做事積極外，又很能了解客戶需求，進而將訊息傳達給決策者。每個人在職場上都會面臨不同職位的角色扮演，每一個職位的角色必須拿捏得很好。當業務時，能偏於客戶立場著想；任職中階主管時，立場中立，兼顧客戶需求及公司利益；而在出任高階主管，又能綜觀全局，如此才能擅場職場。

協助員工成長

英特爾台灣分公司行銷經理顏亦君，也肯定這位女總經理很懂得鼓舞同仁、不吝讚美部屬。吳惠瑜自己最滿意的成就是協助員工的成長。在她任內，她提拔了很多原本是單打獨鬥的員工成爲部門主管，或是給工作單純的工程師其他層面的磨練機會，結果都非常理想。她認爲，人才是最重要的。

吳惠瑜認爲良好的家庭關係，對她經營工作上的人際關係有很大的幫助。她年輕時其實是個性格相當尖銳的人，然而十年婚姻生活的協調溝通，經歷過多次的激烈爭吵，將她的個性磨平不少，爲了家庭關係的和諧，自己也做了不少改變。現在偶爾在上班時間，先生來電，她仍會要求「速戰速決」談完，讓老公戲稱她「心狠手辣、六親不認」，但和諧的家人關係確實是她強而有力的後盾，也是她職場衝刺的動力來源。

作好目標管理

她說，一個人要成功，很重要的是「目標管理」。年輕人要追求自我的成長，工作的前十年不要在乎頭銜，要累積足夠的經歷，等到機會來敲門時，你幾乎什麼事都做過了，接受更大的責任時，才不會覺得心虛。

不管在大公司或小公司，都要了解組織架構，才能找到幫自己做事或是能提供技術和資源的人，順利完成自己的計畫。她個人過去在英特爾十多年來很有成就感，就是這個原因。而且當你默默耕耘一項新產品多年，隨後發現果眞有一個適合的新市場，有潛在客戶可供開發時，那種快樂是無可言喻的。她投入三年心血的strongARM即將成爲市場的明日之星，就是成功的例子。

有能力為產業做事

英特爾亞太區總裁陳俊聖期許吳惠瑜能成爲台灣電子產業的喉舌，運用Intel影響力，爲台灣電子業做一些事，使本土電子業在國際舞台上能有更大的表現。吳惠瑜自己也說，工作初期要想到自己可以爲公司做些什麼事？之後就要考慮到自己可以爲所處的產業做什麼事？她認爲現在自己已到了有能力爲產業做事的階段了。

過去十年台灣是PC產業的黃金十年。英特爾將技術帶到台灣發展，台灣製成產品行銷到全世界，可說是雙贏的局面。未來十年是通訊業的時代，英特爾也希望扮演領導性的角色，領導台灣有線及無線通訊的廠商，共同架構新的產業。爲了推動通訊產業在台灣的發展，英特爾現在將三管其下：

一、和業界籌組PCA策略聯盟。PCA（個人網路客戶端架構）是一種通訊業界公開的標準，可以用來發展網路相關的手持產品，全世界已有八百多家業者採用這項標準研發產品，亞洲地區有三百多家採用。這項標準將會形成通訊業新的食物鏈，英特爾將協助台灣的業界運用這項標準研發新產品。

二、為了讓教育界也了解通訊的業界新標準，英特爾已在台灣一所著名的大學設立無線通訊實驗室，以研發新產品。

三、台灣通訊業界的發展以往不如電腦產業快速，但現在有些電腦業界的精英已進入通訊業參與研發，未來通訊業的研發效率應該會更好。

三十九歲的吳惠瑜從接掌台灣英特爾之後，被賦予任重道遠的使命。她發下宏願，將運用影響力，使台灣廠商在PC領域的技術能力往上提升；同時也將拓展台灣過去較少碰觸的產業，像手機、PDA、網路產業均是下個階段的目標。未來想在競爭激烈的電子業中發光發熱，吳惠瑜提供了一個值得期待的指標，跟隨成功者的腳步，找到勝利的捷徑。

滿懷熱忱和衝勁

永遠要勇於嘗試

李雪津◆新聞局副局長

成功特質

- ◆開朗的性格和胸襟
- ◆以貢獻社會的心情來做事
- ◆具有前瞻的眼光
- ◆尊重別人，凝聚共識
- ◆企圖心旺盛

不用出門，就可輕鬆在家上網報稅；到戶政事務所辦理證件，不用南北奔波或連跑好幾個窗口；政府的新法令或措施上網可以查得到，公文電子化讓效率提高，這種種電子化政府的好處，提高了民眾的生活品質。而建構電子化政府的幕後推手正是新聞局副局長李雪津。

年輕時就有為國服務的抱負，捨棄高薪的業界工作，李雪津在研考會資訊管理處任內，以熱忱和衝勁推動了許多計畫，從全國三百六十九個鄉鎮區公所的電腦化，到政府部門的公文、檔案電子自動化等，實現了她想讓民眾生活得更好的理想。

從法文系轉學電腦資訊，再從資訊人的身分高升新聞局，李雪津的職場生涯高潮迭起。儘管已在國內軟體業界享有一定的知名度，但能在國民黨舊官僚體系中，以研考會資管處處長的技術幕僚職位，被擢升為政府對外的化妝師，除了能力外，她在處理人際關係上的圓融度，也受到相當程度的肯定。

個子高大、外型光鮮搶眼但不咄咄逼人，是李雪津給人第一印象；獅子座的她有著古道熱腸的特質。

開朗的性格和胸襟

李雪津喜歡海，任何與水有關的活動她都喜歡。工作再忙碌，她仍會抽空游泳。與海水為伍的喜好，養成她開朗的性格和胸襟，加上從小和好幾個兄弟一起成長，讓她在做事上，有男人的豪氣。前工研院電通所副所長吳作樂就說，李雪津的個性很直爽，不像有些女子扭扭捏捏，和她相處起來很愉快，這是她的優點。

十六歲那年結識另一半王弓，她因這段姻緣，改變了職場命運。

王弓曾任新竹科學園區局長，也是中興大學產業研究所的教授。他善解人意，不僅常和妻子搶著做家事；老婆的愛狗不見了，他會陪著老婆跑遍台大校園，在椰林大道不停地找。而且總是鼓勵李雪津，只要有能力，在工作上就全力往前衝。

也是他鼓勵輔仁大學法文系畢業的李雪津改學電腦的。李雪津說，她生命中最感謝的一個人就是王弓，因為這個轉捩點，她才有機會與台灣資訊業界結下深厚的關係。

而也因為跨進資訊領域，她才有後來出任新聞局副局長的機緣。

年輕的時候，李雪津和三五知己喝酒聊天時，常常談到自己的抱負，「我一直希望能在政府機關內好好推動改革，做一些可以改變民眾生活的事。」日後她進入研考會，就是抱著貢獻社會的心情來做事。

以貢獻社會的心情來做事

李雪津從美國波士頓大學取得電腦碩士回國後，一直有高於研考會薪資的雙薪工作機會，但她選擇放棄，一直留在研考會，主要就是不希望台灣政府的資訊化程度落後於其他先進國家，而推動「電子化政府」也成爲她主要的業務。

李雪津在研考會擔任資訊管理處處長十年期間，推出過「政府業務電腦化白皮書」，奠定資管處在政府資訊技術領域中，策略規劃的地位；也因爲推動訂定「資訊處理規範」，與資訊業業者有很多的接觸和溝通，讓她在業界廣植人脈。

尤其是在政府推動「軟體委外」及NII計畫的年代裡，李雪津的鋒頭很健。那幾年行政院科技顧問組每年都會召開SRB會議，以一週爲期，邀請海外學人針對國內推動的科技政策與相關計畫提供建言。當時女性科技官員本來就不多，李雪津又言之有物，提出的議題，如政府業務電腦化都頗吸引與會人士的注意，因此在會議中的表現相當突出。

一九八四年李雪津剛由美國回台，就有機會參與政府幾項大型系統的計畫，包括戶政、地政、稅務及監理電腦自動化等。雖然每個案子的預算都很少，很難做事，即使到了一九九一年，政府大力倡導協助基層自動化、電腦應用下鄉時，環境依然沒有改善，但是她還是以熱忱和衝勁勉力而為。

一直到一九九九年，政府擴大內需，預算大筆地撥下，情況才有所改觀。也因此，目前全國三百六十九個鄉鎮區公所已順利地完成電腦化，這也是李雪津最有成就感之處。

她在研考會任內，最想推動的是「公文、檔案電子自動化」，從一九九四年初推動法規修正開始，她做了很多努力，幾年裡不斷地到行政院與官員溝通，所幸後來總算有一些進展，目前已有很多機關實施公文電子化。她說，若每位公務員每天都能減少10%的人力成本、也就是提升10%工作效率，那政府整體的行政效率就會明顯提升，也可節省納稅人的錢。

前研考會高級分析師宋餘俠博士指出，李雪津的熱忱和衝勁在公務員中很少見，而且她對未來的趨勢掌握得非常清楚。譬如推動「電子化政府」其中的一項：網路報稅，在一九九七年即通過「安全認證」，讓我國的網路報稅比美國早一年實施，可說是全球第一。宋餘俠說，網路報稅的安全機制相當重要，網路要能夠安全，民眾才會願意使用，國內能有這個技術並不容易。

具有前瞻的眼光

另外，李雪津也成功促使政府機關進行Internet連網，這才有後來三百多個公家機關及十五萬名公務員使用網際網路辦公的成果。世界經濟論壇曾委託哈佛大學進行七十餘國的電子化政府成效，台灣排名第七名，這樣的成績背後，有著李雪津的心血。

李雪津說，架構一個電子化政府就像是在構築一座城堡，需要非常堅固的基石，計畫中有好幾個大型系統要完成，需要花很多時間修法、建立安全機制，事前要有系統性的規畫，而且要有創新的觀念。

宋餘俠也說，李雪津有前瞻的眼光，而且運作得宜，所以後來包括推動資訊公開、隱私權保護、辦公室自動化及電子公文交換等計畫，都能較原訂目標提前達成。

李雪津當年向NII計畫主持人楊世緘提出的建議，很多都被接受，因此在推動政府業務電腦化的制度方面被公認相當有貢獻。此外任內她所做的資訊安全、資訊認證標準化及電腦化業務整體委外也都有一定的成績。

安碁資訊總經理，也是前國科會企劃處處長暨高速電腦中心負責人張善政指出：「李雪津是個很有想法的人，對她所推動的事務push得也很厲害，做事的態度和方向相當正確，可說是女中豪傑。」

不過因爲李雪津有了意外的升遷機運，打斷了不少原定她要在研考會推動的計畫。

幾年前，當蕭萬長要擢升一位女性擔任新聞局副局長時，李雪津從多位候選人中脫穎而出，有機會從研考會資管處轉戰新聞局。

新聞局副局長這個職位在文官體制上，已是事務官最高的十四職等職務，而且以往鮮少有資訊業人士轉任的例子，這樣的擢升過程，讓她深刻感受到自己非但未因女性身分而在職場受到排斥，反倒因性別的優勢而越級升官，實在很幸運。

在新聞局任內，李雪津把資訊科技的sense帶進新聞局，提前半年完成新生報民營化的工作，並且促使新聞局與交通部合力推動電訊資訊傳播業務，以及電子簽章法。

李雪津認爲她人生第一個轉捩點，是在一九八八年時，取得公務人員甲等特考的資格，讓她年紀輕輕就可以擔任政務官的職位。因爲在研考會資管處處長的位子，可以看得更廣，例如國家整體發展所需的軟硬體設備等，所以思考的角度自然不同，可以宏觀地規畫電子化政府的整體架構。

第二個轉捩點就是由研考會資管處處長轉任新聞局副局長，這不僅是很難得的機會，李雪津認爲，新的職務更可讓她學習傳播領域的事務，尤其在媒體整合的新時代，她從資訊跨到傳播業，可以爲兩者的結合作出貢獻。

她說：「新聞局的改變需要一段時間，它不像電子業的腳步變化快速。但廣電業務較複雜，個人必須學習很多法規上的專業知識，加上媒體環境也複雜，應變力要很強。」

雖然很多人覺得她離開資訊圈對業界損失很大，例如她之前推動的IC卡業務就無法完成；曾和李雪津夫婦為鄰的前工研院電通所副所長吳作樂也說，李雪津在研考會任內未能完成公文電子自動化及電子簽章法的工作相當可惜。但李雪津認為，她的時間沒有浪費，能夠整合資訊、傳播和電信業的技術和軟體發展，是一個很具挑戰性的機會。

尊重別人，凝聚共識

李雪津認為，研考會資管處是個很能發揮的舞台，在長官的支持和授權下，她可以放手好好做事。她說，每當推出一個案子，就要去和相關部門溝通，「說服」他們，讓他們了解計畫的好處，並進而同意配合推動，同時也要取得適當的資源，過程很辛苦。

「最重要的是要有一個精良的戰鬥團隊，大家有一致的目標，分工合作，以極佳的默契共同完成計畫。」

李雪津認爲在資管處處長任內，她學習最多的是做人處世的原則。她說，你要得到別人的尊敬，就先要尊重別人。即使部屬的工作成果不盡理想，但她覺得還是必須給他們成長和學習的機會，這是一種互動的過程。大家一同分享喜悅和成就，慢慢凝聚共識，團隊有共同認可的組織目標，計畫才會成功。

曾和李雪津合作過的前研考會高級分析師宋餘俠博士提到，自己由美國回台後，原可到學校教書，但卻放棄教書工作，願意跟在李雪津身邊做了十多年的事，主要是因爲李雪津讓他很佩服。宋餘俠說：「李雪津是很專業的經理人，她在研考會任內除了四位同事高昇到其他單位當主任外，整個合作團隊的人事流動率幾乎是零。」

宋餘俠也指出李雪津的另一個特質是：「協調性很好，兼具男性及女性之長。」他說，有些時候面對緊急時刻，男性通常嗓門就會大聲起來，但李雪津可以用女性柔和的特質，緩和會議的氣氛，而柔和中又不失決斷力；同時，對外協調許多事情時，要改用民間企業的用語，而且人面要廣，什麼事都要能談，「李雪津就有這方面的能力。」

企圖心旺盛

人要把枕頭墊高一點，雖然很難去設想自己將來要做到某個職位，但是從年輕時就要有一個大的方向，例如你的目標是要賺錢，還是想負責政府的事務；到民間企業是要做管理還是做行銷。大的方向定了之後，就不要浪費時間，朝自己的目標建立人脈，取得資源，盡量做準備，冷靜、穩定地做下去。

李雪津以「永遠要勇於嘗試」作爲自己的座右銘；在新聞局任內，她完成新生報民營化的第一階段任務，帶領新聞局籌組「傳播委員會」，進行網路分級制度、整合有線電視及衛星電視等計畫。她說，我們有了好的硬體平台，如何讓架構在這平台上的內容和服務更好，是她所關心的議題。

有熱情、有協調力、有執行力，還有前瞻的眼光，帶著豪氣的李雪津，從資訊人的身分高升到新聞局，這項難得的際遇，不僅僅是幸運而已。爲了實踐年輕時爲國貢獻的理想，相信她可挾著資訊科技的長才，迎向媒體科技整合的新時代，在傳播領域上展現身手。

以專業面對挑戰

人生最可貴在於創造雋永的價值

李翰瑩◆得意傳播科技總經理

成功特質

◆使命感創新價值
◆創造知識流通的環境
◆重視行銷人才養成
◆用心走出技術門檻逆境
◆付出時間帶來成長空間
◆創立領導品牌
◆樂在工作
◆不斷研發與創新

一走進得意傳播科技公司的辦公室，一股濃濃的思古之情油然而生。掛在接待處的一幅如來佛像，既古典又創新，相距數千年之遙的如來鎏金佛與唐太宗手跡「如來」二字，在同一幅畫作中交互激盪出藝術創新的火花。讓人不禁打從心底發出讚嘆。

這正是得意傳播科技總經理李翰瑩的工作，將中華古文物以數位影像保存下來，並在科技的巧妙運用下，展現出現代「創新」的風貌。

這位數位文化產業的企業家，留著一頭長髮，喜愛穿著中國風味的長衫，信奉「科技求眞、藝術求美、人文求善」，對李翰瑩來說，投入以知識經濟爲基礎的文化資訊產業中，處處都有人文與藝術的驚喜。

使命感創新價值

她和故宮博物院合作的「五千年神遊眼福」是國內光碟史上的第一片光碟。經由得意傳播科技的巧手，展現了靜態古文物的新生命，普遍獲得好評。全世界第一片虛擬博物館「境攬故宮」DVD讓有興趣參觀故宮的人不再受時空所限。中華文化瑰寶的精髓，透過科技技術平台，變成全人類可以分享的文化資產。

從傳播事業起家的李翰瑩，因爲對文化的感動和傳承的使命感，以不斷地自我學習，跨越了科技技術的門檻，順利將公司轉型，發展出「多媒體數位典藏及應用系統」的核心技術，並投入心力，爲數位文化資產創新價值，也讓公司成爲博物館、美術館及大學圖書館影像數位化的國際性領導品牌。

找到鞭策的力量

李翰瑩原本從事電視節目的製作，可說是文化人。有一次，她到台中爲華特迪士尼公司的一部短片執導，擔任導演的她當時正身懷六甲，透過鏡頭特寫，她看到了小孩子大都跨坐在父母的肩上，而一位穿著很鄉土的老太太則很「勇猛」的突破人潮擠在台前，幾百位男女老少，從頭到尾興緻盎然的看著一大堆假布偶的表演，當那隻大怪獸向台下觀眾伸出問候的手時，包括那位老太太，幾乎每個孩子都擠向台前，將手奮力伸向大怪獸，鏡頭裡的同胞們，有著童稚般的眼神、有著充滿信任的笑容，一剎那間，她心裡一酸，忍不住的在Monitor前淚流滿面，「當時大怪獸還是「新人」，竟然能得到這種認同？這背後所象徵的意義是什麼？我們文化的『新人』又在哪裡？」她說：「那眞是我個人一個難忘的時刻，如今，老大已經上小學了，但那一雙雙奮力向前展開的手臂，以及清一色童稚般的臉龐，在多年以後仍然給我許多鞭策的力量！」

創造知識流通的環境

她也說起在西方人很有興趣收藏有關中國的舊海報與畫冊，書中說明性的文案充斥著「留著豬尾巴辮子的黃皮豬」和「纏小腳的中國妓女」。她說：「我不是強調民族主義，只是深知中華文化裡有那麼多的人類寶藏，在世界上卻沒有明顯的一席之地，問題出在知識流通的過程，自古以來我們對於任何知識都強調統馭與獨佔性，結果導致知識創新的制度與環境受到了嚴重的剝削，文學如此、繪畫如此、音樂如此、流行性商品的創作環境當然也就奄奄一息。」

重視行銷人才養成

另一個問題是行銷人才的養成，「像美國的迪士尼，從一隻米老鼠就可以發展出一家國際公司，衍生出數不盡的週邊產品，也創造出令人無法想像的利益，而我們的孫悟空呢？不論是人物的造型、內涵與故事性，孫悟空都毫無遜色。但是爲什麼米老鼠能，我們的孫悟空就不能？」李翰瑩很感慨地說，中華民族不缺創作人才，但遺憾的是國際行銷那一層的人才始終缺乏。「所以，人家的米老鼠變成了一家國際大公司，但我們的孫悟空卻還是一隻猴子。」

基於這樣的信念，李翰瑩夫妻創業後的得意傳播公司就鎖定以「數位中華文化」爲開發目標，「從歷史宏觀的角度來看，數位化的環境有機會一舉打開知識流通的障礙，我們以故宮爲起點，從一九九二年開始，著手投資故宮文物的數位化工程建設。」她笑著說：「我們的目的很簡單，就是讓你把故宮帶回家！」

夢想與工作能夠結合，並有實際的發展藍圖在前方，李翰瑩說，人生沒有什麼比有機會參與爲後代創造雋永價值的工程更值得高興的了。

用心走出技術門檻逆境

談起公司轉入科技業的第一個關鍵時刻，李翰瑩回憶說，一九九二年間，公司董事長李作群在美國德州達拉斯參加由國際多媒體協會舉辦的大展中，第一次見到影音壓縮科技所產生的炫麗聲光與互動效果，他體認到科技發展的大趨勢，返國後便立即與工研院電通所及錸德科技展開合作，取得故宮博物院授權，各自出資，投入「五千年神遊眼福」的光碟研發工作。當時工作的分配是：由得意負責全部影音內容的整合與創作，工研院負責工具軟體，錸德科技負責壓片技術，這也是國內光碟史上的第一片光碟。

從傳統的傳播公司轉型爲軟體科技公司，難免需要要經歷陣痛。得意傳播在一九九二年碰上的第一個技術門檻就是：如何在創作上，將類比播放系統內容轉換成當年電腦可用的數位物件。李翰瑩說，在這方面，得意傳播算是業界的先趨者，但一路走來眞是繳出了不少學費。

一九九四年得意傳播推出商品化的CD-ROM「五千年神遊眼福」，一九九五年再推出「清明上河圖」，都因生動細膩的科技運用，展現了靜態古文物的新生命而屢獲國際大獎，銷售量也歷久不衰。

付出時間帶來成長空間

如何掌舵公司不偏離創業的初衷，又能逐漸成爲博物館或美術館數位化的國際性領導品牌，李翰瑩的角色越發吃重，但在夫婿李作群的眼中，李翰瑩對角色扮演的拿捏相當清楚，分際掌握也佳。

爲了讓公司研發能力更提升，並接近市場，一九九七年李翰瑩就演出「拋夫棄子」記，整整駐守在矽谷十八個月，創建得意傳播美國公司。這對重視家庭生活與深愛小孩的李翰瑩來說，是很痛苦的決定。

那時兩個小孩，大的只有三歲半，小的不到五個月，一直到離家前十分鐘，她緊擁著熟睡中的女兒，捨不得走、哭成個淚人兒，先生心疼的一句斥責：「又不是生離死別。」讓她放下了女兒，挑起了創業家的責任，既然選擇了創業的路，就要堅強地去面對。

在矽谷工作，一天平均只能睡四、五個小時，而一年半的付出也爲公司帶來更大的成長空間。李翰瑩說，「insight」就是矽谷分公司與Luna imaging inc.合作所孕育出來的新型「數位影像應用及管理系統」，不同於一般資料管理系統，這個新系統是針對擁有龐大文物、圖書、影像文件等影音資料，且具有特殊使用需求的機構所設計的。令人欣慰的是，這套「insight」已獲得美國哈佛大學、柏克萊大學、芝加哥藝術博物館等百餘個重點學校圖書館與著名博物館採用。「美國得意公司在數位發行的領域已小有名氣，在王樹治副總的接棒之下，今年將在數位內容中介代理服務的業務上展現爆發力。」

創立領導品牌

始終抱持著「得意的腳步，隨著科技而發展」的得意傳播科技公司，在「經濟部軟體五年計畫工作室」的輔導之下，成功推出全世界第一片虛擬博物館「境攬故宮」DVD Hybrid DVD-ROM，讓有興趣參觀故宮的人不再受時空所限。美國News Week雜誌也曾在一九九九年以三分之二版的篇幅，專題報導得意的虛擬博物館技術。李翰瑩說，能把中華文化瑰寶的精髓，透過科技技術平台，變成全人類可以分享的文化資產，對一向深具使命感的得意傳播科技來說，可說是美夢成眞。

她望著滿佈獎牌的辦公室長廊有感而發的說：「得意最珍貴的價值是在同仁身上，是他們熬著多年的寂寞，在『數位內容』的領域中努力不懈，他們都是數位菁英，毫無疑問，比起他們，我眞的是最差的。」

國內電腦業大廠宏碁在一九九八年成立一億元軟體種子基金時，第一波就選擇投資了得意傳播。因爲對施振榮來說，得意傳播將故宮文物數位化，並培養出數位藝術創作者，正實現了他所嚮往的「藝術普及到大眾」的夢想。

有了資金的投入，對李翰瑩來說，肩上的擔子更重了！因爲要成爲國際級的公司必須要有更前瞻性的規劃。華特迪士尼台灣分公司前總經理陳惠娟與李翰瑩是十多年的好友，她驚訝地發現李翰瑩這幾年來的轉變，從一個談起音樂、烹飪或宋詞唐詩，臉上神情特別美的女人，到現在對於專利權等事務都能透徹分析、做事沈穩、流露出一臉幹練的女企業家，讓她對這位老友有了全新的認識。

陳惠娟說，看著李作群和李翰瑩夫婦從白手起家，一路相扶持至今，將事業發展成數位藝術的先鋒，只能用「有志者事竟成」來形容最貼切。

樂在工作

從一九八八年到今天，十多年來的創業歷程，李翰瑩曾面對過形形色色的挑戰，她對粉領族的建議是：忘記性別、以專業面對社會的挑戰、善用女性創新的優勢。她說，女性對流行與美的事物，甚至是對人性都比較敏銳，這些都是創新的重要元素。

她的四句格言是「Think big，start small，win fast，have fun!」，就是說做人視野要廣大；但做事要按步就班來，一步一腳印；面對國際化的競爭，必須贏得快；而且要樂在工作。她很強調「快樂」，「你今天快樂嗎？」是她最常問放學的孩子和下班同仁的一句話。李翰瑩說，這是生命的本質，快樂是自發的原動力，當你樂在工作中，什麼樣的困難都可以克服；遊戲生活的態度也可以平衡壓力；如果你覺得不快樂，那就是你轉換工作或職場的時候了。

作爲企業家，她從不忘記自我學習，目前李翰瑩正在政治大學商學院科技管理研究所EMBA就讀。策略大師吳思華院長以及研究所裡多位教授的指導，對李翰瑩的思想有著深遠的影響，李翰瑩說，進入政大商學院科管所三年，簡而言之是將理想與實務破繭而出的過程，是她一生最重要的陶成，她深以爲榮。同時扮演企業家、妻子與母親，還有學生的角色，靠的是目標管理，她說，做事要有計畫，而且要懂得在心田區隔空間。她和先生從回家的路上開始，就不談公事，十年如一日。上課的時候認眞聽講、運動的時候專心運動，一心不二用，而且能夠隨時轉換心情，進入狀況。爲了公務常搭飛機的她，甚至連身後事都已經全部安排好了。

不斷研發與創新

國內電腦業大廠宏碁在一九九八年成立一億元軟體種子基金時，第一波就選擇投資了得意傳播。因爲對施振榮來說，得意傳播將故宮文物數位化，並培養出數位藝術創作者，正實現了他所嚮往的「藝術普及到大眾」的夢想。一九九九年中華開發工業銀行的接續投資，使得得意公司受到了外資的矚目。二〇〇一年CA總裁王嘉廉個人在與Intel同期爭取投資得意時，誠懇的說了一句話，讓李翰瑩深受感動，他表示自己是個從小生長在美國的中國後裔，從內心認同得意在數位中華上的努力，他希望得意以國際市場爲發展目標，他會全力予以協助，他當眾對李翰瑩說：「You have my word, I will never let your business be fail(你們擁有我的承諾，我不會讓這個事業失敗）」。

對李翰瑩來說，眼前她最重要的任務有兩項，一是讓得意這樣一種企業文化能夠成爲知識產業的獲利典範，另一個是持續不斷地投入研發與創新。

她全心投入「創新工程」。李翰瑩說，「創新」這兩個字包涵了「追求眞善美」的意義。尤其是在電子商務的世界中，軟體發展日新月異，而內容創新則是日積月累的。目前，台灣在軟體發展與多媒體內容方面具有相對性的優勢，現在最重要的是要有整合者，結合「內容」與「軟體」這兩個優勢，賦予文化一個「創新」面貌，對此，得意傳播科技擁有當仁不讓的雄心。

她從來不覺得中國人只能做 OEM（委託製造代工），她說，這是制度面的問題，如果我們尊重別人的智慧財產權，就會要求自己創新。知識經濟最迷人的地方，一是高附加價值，二是有複製性。她舉例說，故宮博物院複製原版畫的卡片，一張可能賣五十元，得意傳播要再創新價值，所以就要找出畫作的元素，伸展應用的範圍，例如可以把圖案變成一匹布，製作成衣服，也可以做成書包，還可能變成一個故事或一本書。

「我相信網路電訊科技的發展可以為全人類的生活帶來革命性的影響，而中文內容在國際市場將扮演何種角色？創造何種經濟與人文價值？」李翰瑩語重心長地說，全世界先進國家的政府都在做前瞻性佈局，並且全力推動各項相關性的基礎建設。硬體環境的發展是有階段性的，但軟體與內容環境的競爭早已開始，這對知識經濟發展的影響層面之深之廣，一旦想通了，會讓任何一個作決策的人如坐針氈。「實質上這是一場戰爭！」。

而她也一直記得當年好友吳念眞在她二十六歲那年，勉勵她要為理想堅持下去，那一句「千萬不要以理想褻瀆自己！」的話還深藏在她腦海中，惕勵她用心經營出一個以「人文、藝術、科技、國際觀」為企業願景的科技公司。

力行言行一致

我追求燦爛的人生、充實的工作、豐富的知識、健康的身體、享受的生活。我希望像太陽一樣熱情溫暖、光明希望，像鑽石一樣光芒四射、堅韌永恆

林若男◆HP企業資訊事業群副總經理

成功特質

◆溫柔心，重承諾
◆贏取客户信任
◆靠良師益友開拓視野
◆謹遵以客為尊的工作哲學
◆不把壓力當壓力
◆讓每一角色發揮所長
◆靠良師益友開拓視野

年僅三十五歲的林若男正在改寫台灣惠普的歷史！她是惠普科技（HP）來台三十一年中，最年輕的女性副總經理，而她所率領的團隊正是惠普獲利最關鍵的第一線作戰部隊。

彷彿是天生的業務將才。十三歲的幼齡，她在服飾店打工賺零用錢，就屢屢打敗長輩奪得銷售冠軍；進了台灣惠普，她幾乎年年入圍業務人員最高榮耀的「100％CLUB」；研華科技美國子公司總經理林意忠，當年是她業務部門的主管，在幾次陪同才是新人的林若男拜會客戶後，就斷言她將會是惠普在台第一個高階女性業務主管。沒有打破專家的眼鏡，林若男的表現如預期般地亮眼。

溫柔心，重承諾

人如其名，林若男作生意的最高指導原則，有著男兒重承諾的氣概，但又不失女性在溝通與協調上的溫柔心。「我堅持與客戶溝通時，不作一個畫大餅的人。但是一有承諾，絕對身體力行，做到客戶的要求。」也因爲這樣的人格特質，讓她成功地取得包括台積電、統一超商和安泰人壽等重量級客戶的信任，立下開疆闢土的驃悍戰功！

因爲父親是軍人，林若男從小就被要求具有責任感、榮譽感和成就感。而且她說，家裡可算是女系家庭：四個姐姐，一個妹妹，母親在家中扮演重要的角色，父親是個好好爸爸。「我們家認爲沒有一件事是女性不能做的。」當年林若男的外婆在上海出來做事，她請人家喊她「先生」，刻意要和一般居家的小姐們區別。所以她的能幹可能多少是因爲家學淵源。

十三歲時，全家移民夏威夷，這是她人生很大的轉捩點。美國社會要求小孩獨立自主，四姐告訴她，美國小孩都要靠自己的能力去賺零用錢。所以她就利用假日，在父母的朋友開設的服裝店中打工。

她作生意的天份自此展露。剛開始時，林若男把這件事當作辦家家酒，大家也認爲這個小朋友只是幫忙看店的，而且那時店裡也沒有業績獎金的制度。但是後來她發現，自己只要多做一點事情，就可以多賣幾件。例如，她會跟客人說，妳穿這件T恤很好看，相信穿在妳先生身上也很好看。妳就多買一件嘛！

林若男回憶說：「我比較細心，敏感度高，會察言觀色，可以及時發現一些線索讓機會不會失去。」她把自己當作消費者來設想，想到有時自己只是逛逛，遇到店員來煩你，就想掉頭走開。所以她賣T恤的時候，會注意有些客人只是looking around（隨意逛逛）時，「我會給他們時間和空間去發現他們對我們的商品有沒有興趣。當你從顧客的眼神或動作知道她對某些T恤有興趣時，再上前去作介紹，效果就好得多。」

作生意的方法是慢慢體會出來的。我們要了解時間點的需求，在對的時間做對的事。

後來服裝店老闆跟她說，她這個月的業績比上月好很多，還秀給林若男看數字。「從那時候起，我開始認識到什麼是『業績』。」林若男說。

「我第一筆零用錢用來買了一張唱片，那種愉悅的心情我到現在都還記得。從那時起，我就告訴自己，我要一直擁有這種心情。」對她來說，這不僅是一件驕傲的事，也很有成就感。從那時到現在，「我的錢都是用自己的能力賺來的。」

往後她就常常拿下銷售冠軍的頭銜。十四歲時，她升爲管理者，旗下不少員工的年紀都足以當她的父執輩。十六歲時，全家轉赴密西根州定居時的機票錢，就是林若男三年打工期間存下的錢。

從小到大在校成績優異的林若男，在密西根大學讀工業工程系時，每年都拿到學校以及密西根州州政府的獎學金。但她沒有循規蹈矩走入工業界，卻回國挑戰高科技界的業務工作。

二十四歲她剛從美國回台，參加HP的助理業務員招考。林若男擔心中文表達力不佳，大膽的用英文與面試官溝通，讓面試官直呼上了一堂英文課。十年後的今天，面對台灣中小企業主時，她已經可以用簡易台語跟客戶溝通，台語歌更是朗朗上口！

贏取客戶信任

第一次以業務專員的頭銜去拜會耐斯企業時，這個初出毛盧的黃毛丫頭展現驚人的耐心，穿著高跟鞋陪著客戶繞了劍湖山遊樂園一大圈，並以長達六個月的時間往返南北兩地，才打敗其他競爭對手，贏得這個企業電腦化千萬元的標案。「我想耐斯企業是一個本土型公司，而他們的主管深刻了解，惠普不只是賣電腦硬體給他們，我背後的團隊還能提供管理模式的know how！」林若男將戰績歸功於惠普講求「人和」的企業文化。

不過客戶對她的信任還是關鍵。國內流通業巨人統一超商的企業電腦化改革小組成員表示，在與林若男幾次業務接觸後發現，她整合資源的能力很強，關心客戶的需求，甚至在報告上都能主動建議客戶長遠發展規劃的重要性，這才是她能拿下標案的關鍵因素。

身段柔軟，沒有女強人般的氣燄，林若男謹記母親教誨「作事很重要、會作人更重要」。談起與本土企業打交道的過程，從小移民美國的林若男自有一套應對進退的哲學。

豪氣干雲不讓鬚眉

「我是滴酒不沾的人，但在談業務期間，難免會有應酬。特別是台灣乾杯文化，在不能失禮下，我曾經有一次喝完八瓶每瓶容量爲一千CC的果汁，代替酒向客戶致意，當場讓客戶看傻眼！」不過也在那一餐後，讓她有好長的時間不敢再喝果汁！

作爲業務悍將，她的銷售心法有三項：贏的決心、相信你自己做得到，以及實質資訊的蒐集。

時時刻刻都要告訴自己「您想要贏」。人難免有低潮的時候，但即使是這時候，也要相信自己想贏。就像在絕境求生的人，常常最後關頭都是一點點的意志力在支撐。我常會想，「我怎麼會輸呢？」、「我怎麼可能輸呢？」所以一定要贏。不論這是一種催眠或提醒，相信自己有贏的機會，相信公司的產品和條件都是很好的，把這種動力帶到業務戰場上，表現在客戶前面，讓他們也相信。

同時也要對客戶有所了解，事前蒐集資訊。包括客戶的公司文化，爲什麼他們需要這個solution（解決方案）？

「我也輸過，但我會反省我爲何輸？是時間點不對還是產品面？還是自己的事情沒做好？如果是產品面就要帶回來給技術部知道，如果是自己沒把事情做好，就不要再犯同樣的錯，重新整理自己。」戰鬥意志堅強的林若男說。

對於客戶的開發，她有初生之犢不畏虎的競爭性格。就拿一九九六年台積電一項金額高達數百萬美元的SAP系統導入專案來說，一開始招標時，惠普並沒有在名單上。當林若男得到消息後，主動與台積電聯繫，希望對方給予機會，讓惠普也可以有提案權。

謹遵以客為尊的工作哲學

「當我第一次拜訪台積電時，才赫然發現這個世界級的公司，唯一應用惠普的產品，就是一套幾乎可以說是躲在牆角後端的影像管理系統！」當時她暗自期許，要在這次的招標案中，讓惠普的產品打入這個世界級公司的核心。

不過第一次的報告，不如人願，因爲報告時間不長，無法讓惠普的工程師展現長才，整個標案的推展正處在失敗邊緣！當時因護照問題正在美國的林若男急如星火，一接到消息馬上趕回國處理。

她先花一天的時間，在複雜的專業技術要求上，與惠普的工程師詳列出簡報的要點，釐清台積電的需求，在找到雙方的差異點後，做事絕不拖延的林若男，立即發出一封傳眞給台積電，說明惠普在專業技術上的利基點；隨後就劍及履及帶著工程師們一同驅車前往新竹。當林若男推開台積電 SAP 系統導入小組成員辦公室的大門時，小組成員對她的行動力當場驚訝不已！

「怎麼才收到傳眞不到一小時，惠普的業務團隊就已經站在我們面前，準備好再一次被檢驗了。」台積電 SAP 系統導入小組成員對林若男打從心底讚賞！「惠普眞的有優良的技術，請相信我！」林若男的眞誠打動了客戶，台積電同意再給一次簡報的機會。而林若男也因此成功地贏得這樁巨額標案，讓惠普的產品眞正走入台積電！

她說，細心、觀察力、對客戶需求的了解，還有溝通協調的技巧，是業務成功的主要因素。業務不光是在賣產品，還是在做人與人之間的溝通。和客戶溝通，也和內部溝通。公司資源是有限的，要運用協調力，取得資源，讓大家跟你一樣想要贏得這個案子。

安泰人壽的案子也是一次成功的出擊。先了解客戶在原先環境裡的問題，原來的廠商爲什麼不能提供業務擴充的需求，我們可以突破的地方帶回公司優先處理。這不是我們固定的產品，而是爲安泰特別設計的，我們協調公司內部的資源來協助，表示我們有決心接下這個案子。和安泰往來一年半，雙方已有信任度，我們扮演的角色像諮詢顧問，了解他們現在和未來的需求，再給予協助。

儘管成功的業務案例不計其數，但林若男表示：「對我來說，經營客戶的成功不是一個案子的成功，而是客戶成爲你永續長期的夥伴才算成功。」

「If you know and understand your customer's business , you know everything you need to know! 」這是林若男在二〇〇〇年升任爲惠普在台最年輕的業務部門副總時，與旗下員工的經驗分享。成爲一個成功業務員的關鍵，就是謹遵以客爲尊的工作哲學，這不僅讓林若男年年躋身惠普業務人員最高榮耀「100%CLUB」的一員，更大的收穫是贏得客戶的友誼。

在惠普企業集團事業群擔任資深經理的黃堅煌說：「林若男的領導藝術很有HP味！」他很佩服林若男在帶領員工時，永遠是鼓勵第一！「如果員工碰上工作瓶頸，顯得垂頭喪氣時，林若男溫柔女人心的特質，就會適時的發揮！」

而令黃堅煌最感驚奇的是，「每年扛著逾五千多萬美元以上的業績壓力，但林若男總是笑臉迎人，不會把壓力轉嫁到別人身上。這種內化的功夫，讓團隊的工作品質很舒適，也更願意全力衝刺！」

不把壓力當壓力

對於這項本事，林若男說她的作法是：「我先不把壓力當作壓力，而是當作工作的一部分，或是成就感。把它當作生活上要面對的，不要突顯它是壓力。」當然，業務人員都有數字目標要達成，最近一年來，惠普是以半年的業務目標作要求。數字目標出來後，林若男說，我會根據手邊的客戶群先選出潛在客戶，找出新案子的機會；再從現有的客戶去創造新的案子，或是開發新市場。因爲林若男帶領的團隊是資訊服務性質，所以每半年她會規畫推出新的服務，以創造新價值，也提供客戶更佳的服務。

「如果你有目標，就先從可達到目標的方式進行分析，然後擬定計畫把目標達成。我們是數字導向的，但我會做更主動積極的努力，而不是一直想著壓力。」林若男認爲，HP有很好的企業文化，當你的計畫是對的，就會有很多人支持你，提供資源協助你達成目標。

讓每一角色發揮所長

她帶業務團隊，雖然也看業務數字，但除了這項指標外，評估業務員的成長，她還會再看知識和客戶群的突破這兩項。她說，真正能達到業績數字是自己的知識得到客戶信任。如果每個案子，業務人員都可以學到東西，下次就會做得更好。

與林若男共事三年的業務專員李家琳說，過去她曾經與一些女性主管共事，但在林若男身上看到的是一種拋開性別的專業領導！

「其實，業務主管所扮演的角色就像是一部戲中的導演，要懂得統籌全局，讓每個角色都能適時的發揮所長，才能在每一次的演出中，打出美好的一仗！」林若男侃侃而談她的領導哲學。

靠良師益友開拓視野

林若男在事業上的表現可以說是相當成功，她自己對成功的定義是：「成功必須讓你自己覺得快樂，自己做對的一些事，不只是對自己，也對別人有正面的影響力。」她說，因為公司的企業文化沒有很多權力鬥爭下產生的晉升機會。每個人的表現是看工作，所以人人都有公平的機會，只要想，我如何在工作上做得更好。她的晉升都是當機會來臨時，因工作績效而得到認同，不需要刻意爭取。

除了自己的努力外，良師益友也不可缺。她歷任的主管，如普迅創投的劉大偉和劉學愚等都是開拓她寬廣視野的良師。她也喜歡從結交朋友去獲取資訊，包括和同業定期的聚會，以及從客戶那裡了解不同的行業，雙管其下。

而林若男的先生，和她同期進入惠普，現為上奇科技台灣區總經理周德民，則是她碰上管理難題時最佳的諮商對象。這一對酷愛美食與旅行的夫妻檔，平時最大的娛樂就是攜手在基隆河畔住家附近的大佳段公園散步與放風箏。

喜愛放風箏的林若男，事業也像風箏一樣，順風遠颺，越飛越高。在十一年來自我不斷地學習，與不斷的工作歷練中，持續地向上攀升！

化正面思考為積極行動

自我了解、適得其所、終身學習，事業必然成功

邱麗孟◆台灣微軟總經理

成功特質

◆立志一定要成功
◆主動出擊，贏取機會
◆展現完全自我
◆正確有效的行銷策略
◆積極正面思考

提到微軟，這個在資訊社會中和每個人的生活習習相關的品牌，只要是使用過電腦的人，無人不曉。所以也可想見台灣微軟總經理的位子在資訊業界是很有影響力的。

從小就有出人頭地的強烈信念，台灣微軟總經理邱麗孟實現了她的願望，頭頂微軟的光環，她的成就讓母親當選鄰里間的模範母親，讓父親欣慰地說：投資在妳身上很值得。

投資在邱麗孟身上的錢，不只是父母的血汗錢，還有更多是向別人東挪西湊借來的錢。走過童年清苦的生活，邱麗孟以優異的成績擺脫命運的束縛，再以傑出的市場行銷能力拓展出輝煌的職場生涯。

清秀的臉孔和清湯掛麵的髮型，她不像刻板印象中的女強人。可她的確是微軟在台灣市場上開疆闢土的大將。是她成功地將微軟的Windows、Word及Excel等辦公室軟體推廣到終端用戶手上，兩年之間就創造了98%的寡佔市場；她也打下了Office 95的市場江山；Windows 98適合玩Game的訴求，更拓展了龐大的家用市場，一樁又一樁的戰功，終於將她推上台灣微軟總經理的寶座。

立志一定要成功

邱麗孟是生長於新竹市的鄉下小孩，父親自從藥品中盤商的生意失敗後，換過好幾個工作都不如意，因此從小學懂事開始，邱麗孟就記得母親為了籌措小孩的學費到處向人借錢的景象，有時借不到錢，一家人明天都還不知道如何過日子。

貧苦的家境讓她從小就立志將來一定要成功，經濟要獨立，要讓父母生活無虞。因爲有鮮明的目標，她比同年齡的孩子更早熟，天資聰穎的邱麗孟專心學業，從不理會國中時期男同學爲了引起她注意所作的一些惡作劇，也沒有像其他少女般編織青春期的美夢。

初中以全校第一名畢業的她，其實也有夢。高中的時候她常在上課的時候發呆，在幻想中構築自己的未來：屬於自己的大房子，還有游泳池，父母家人生活無憂無慮。這時候的她，只想快快長大，趕快賺錢。所以在同學還渾渾噩噩的年紀，她已經決定自己未來要往商界發展，希望對家庭的經濟能有所貢獻。

儘管父母都只有小學學歷，她說，父親在家裡都快過不下去的時候，還是聽從朋友的勸言，即使借錢，也要栽培她念書。所以在經濟壓力下，靠著邊打工、邊借錢，她還是一路從新竹女中唸到研究所。

也因爲家人的支持和期望，激發她的榮譽感和好勝心，她要求自己一定要出人頭地。

主動出擊，贏取機會

考上中原大學企管系後，她更進一步思考自己未來要在商界的哪一個領域發展。本來一畢業就要賺錢的邱麗孟，沒想到陪男友一同應考研究所，竟然金榜題名，直升中原大學企管所。她邊打工邊唸書，專注在市場行銷的研究，也幫一些廠商作行銷案的研究。

論文還沒寫完，她已經開始投履歷了。她清楚地分析未來的事業方向：一個對市場行銷有興趣的女性想要出人頭地，就要選擇大公司，才能學得多；而且要外商公司，因爲本土公司不是歧視女性員工就是很少有女主管；而且從事女性特質和敏感度較易發揮的消費性產品容易有表現。依據這樣的標準，她選定三家公司，不管他們有沒有在徵人，就把履歷寄出去。

她選擇的三家公司是寶鹼、嬌生和聯合利華。寶鹼錄取她，但是想把她放到和南僑公司合作的食品部門去，這不符合她的規畫，所以她拒絕了。嬌生沒缺人，可是看她條件不錯，所以找她來面談，且一連過三關，最後主動提出要求想見總經理。剛開完會的總經理只有十分鐘的空檔，只來得及問她一個問題：sales和marketing有什麼不同？隔天公司就通知她來上班，這還是特別設立的「行銷實習生」的職位。

邱麗孟在嬌生公司八年的行銷工作中，最引以爲豪的事蹟是在最後兩年裡，將公司生產的「嬌爽衛生護墊」推向領導品牌的地位。她說，此項產品的前任負責人原本打算放棄市場，但邱麗孟不甘心，主動接下挑戰後，不斷研究分析使用者的生活方式及消費行爲，構思新的行銷方式。

她分析認爲，婦女衛生用品是消費品，單價低，想追求利潤必須將產品的「量」衝高，因此行銷手法要夠細緻，「賣場陳列櫃」要突顯，讓逛大賣場的消費者看到嬌生的產品會不假思索地選購。因爲她轉變了行銷策略，讓產品得到認同，使得該項產品的營業額大幅成長。

邱麗孟認為自己能成功地將此消費產品導入市場，除了後天訓練的專業能力外，也需具備先天的敏銳直覺力。在嬌生公司，她累積了行銷實務的基礎能力，以及嚴謹的思考，和按步就班的作戰計畫，這對於她後來轉戰微軟有很大的幫助。

賣了八年的婦女衛生用品，邱麗孟的職場運勢一直很順遂。但後來她發現直屬上司都是外國人，公司用人考量上，高階主管幾乎都不是本地人，在這種升遷無望的無奈中，她開始思索外面的世界是否有更大的挑戰空間？

徬徨之際，恰巧台灣微軟透過人力仲介公司對她挖角，當時心中雖不明瞭「微軟」的行業屬性，但仍鼓起勇氣與台灣微軟當時的總經理范成炬及大中華區負責人楊紹鋼面談。雙方深入溝通後，她感於兩人對推展中文視窗市場的理想和企圖心，決定轉戰資訊業。在一九九三年七月進入台灣微軟行銷部門，拓展Microsoft Word及Excel產品的市場。

正確有效的行銷策略

邱麗孟初進台灣微軟服務時，感受到相當大的同儕壓力。因爲公司同仁多少會質疑這位主攻消費產品市場的行銷人，是否有能力賣出技術門檻較高的資訊軟體產品？前半年邱麗孟戰戰兢兢地工作，很快地兩年後績效就顯現了。

一九九三年台灣電腦使用人口中，多半還是停留在DOS及PE II的軟體，運用微軟的Windows、Word及Excel工具的人並不多。第一著棋，她很大膽地推出新的廣告策略，高喊「燃燒PE II」，企圖改變DOS系統下的文書處理世界，將微軟的軟體產品進軍end-user市場。

對微軟而言，這是很重要的新策略，從過去專攻MIS市場的主軸轉移成以end-user市場爲主，而大眾市場的力量才是最強的。

「燃燒PE II」系列的大膽廣告，先期鎖定辦公室行銷人員及秘書爲訴求對象，因爲這兩個族群最可感受到運用Word工具可簡單製作圖文並茂文件的好處，不像過去PE II時代，要先背煩人的指令才能操作系統。只要他們體會了兩項產品的差異性後，就會連帶促使企業的MIS人員接受微軟的文書處理產品。

同時，她又推動巨匠電腦教育訓練中心及電腦技能基金會等教育市場作Word及Excel的認證，讓Word及Excel的使用人口大量提升。

半年的努力，微軟的Word、Power point及Excel等辦公室軟體就成功地取代了PE II、Lotus 1-2-3，將市場佔有率提升至85%，隔一年又成長爲95%，緊接著達到98%的高使用率。

當時這步棋經過兩年時間的驗證，證明走對了，台灣微軟的營業額大幅攀升，也爲邱麗孟在新領域打下第一個灘頭堡。

繼Word及Excel搶下台灣市場後，邱麗孟乘勝追擊，又拿下Office 95的市場江山。一年時間的耕耘，也使Windows 95產品市場佔有率由原先的30%成長一倍，達到60%。隨後針對消費者市場設計的Microsoft Windows 98上市後，她以Windows City爲主題的發表會模式，成功地讓家用市場使用者感受到採用Windows 98可使Game玩得更豐富，繼而拓展龐大的家用市場商機。這場戰役除了讓邱麗孟再爲微軟立下汗馬功勞外，也將個人事業推向高峰。

戰績連連　邁向事業巔峰

這兩年來，邱麗孟帶領台灣微軟經營市場的重點，是針對企業用戶市場推出伺服器產品、銷售組合搭配的整體解決方案（Total solution）及提供企管顧問服務。她說，以伺服器市場爲例，決定是否採用的企業用戶決策者是公司的CIO或CEO，他們在乎的是成本效益。根據估算，企業資訊管理系統中，硬體及軟體設備成本約佔總成本的25％，其他內部教育訓練及維修等相關成本則佔75％，微軟銷售伺服器的致勝關鍵，即是能降低企業的整體擁有成本（Total cost of ownership）。

因此Microsoft.Net系列伺服器在二〇〇〇年十一月上市半年後，成長率即達到50％，又爲邱麗孟添上一筆戰功。

由於電子商務網站及知識管理熱潮風起雲湧，微軟於二〇〇〇年底針對企業需求，提供企業完整的解決方案，產品內容包括客戶關係解決方案（CRM）、企業資訊入口網站（EIP）及企業應用軟體整合（EAI）。因爲針對的是企業用戶，邱麗孟也對聯電、台積電等跨入知識管理市場的大客戶使力很多。

她更希望運用影響力，以英國及新加坡政府成功電腦化及推動知識經濟的經驗為典範，協助台灣政府的電腦化腳步，迎頭趕上先進國家的發展速度。

進入台灣微軟七年多的期間，邱麗孟將公司軟體產品由MIS族群擴大至廣大的終端用戶市場，使公司營業額及產品市佔率呈倍數成長，出類拔萃的表現讓她在二〇〇一年初，從多位優秀經理人中脫穎而出，被拔擢出任台灣微軟總經理。

展現完全自我

邱麗孟說，微軟的企業文化和嬌生有很大的不同，微軟讓她眞正的自我完全顯現出來。微軟認為每個員工在他的崗位上都是專家，自己可以有創造性，可以獨立工作，講究新的思考方式，不需要按階級層層上報，可以自由地從公司世界各地的機構取得所需的資訊。上班時可以講笑話，不用穿西裝打領帶的easy culture和open minded，把她從以前一板一眼的工作規範中解放出來，愉快地工作，展現眞實的自我。

二〇〇一年二月一日上任總經理以來，她不斷地加班，快速掌握公司整體營運狀況，並積極推動「企管診斷顧問服務」的業務。她說，比爾．蓋茲曾揭示微軟的二大經營策略，一項是發展軟體與技術，擴大在Internet上的應用；另一項則是耕耘產品在企業市場的應用。而「企管診斷顧問服務」就是後者的經營策略。

微軟目前已和多家企管顧問公司合作，如Accenture、勤業等，透過對企業客戶的顧問分析、診斷他們的需求後，再導入微軟的產品。最近經一些單位評比，微軟的顧問服務業在一百家大型企業中排名第二，僅次於推展此項業務已有悠久歷史的IBM。這對仍是企管顧問服務領域新兵的微軟而言，是很大的成就。

積極正面思考

小時候父母爲生活掙扎的情景留給她深刻的記憶。母親的角色更是帶給她深遠的影響。貧苦的生活給她的正面影響是養成她堅毅不拔的個性；負面的影響帶來的是不安全感，但也激勵她自己要獨立。她說，即使自己組成家庭後，潛意識裡，她也告訴自己不能完全依賴先生。

她的座右銘是：積極正面思考，努力經營人生。她說，以自己為例，困頓的生活也許有人會自怨自艾，甚至去自殺。可是她會想，未來也許有更大的困難，這個小波折只是在鍛鍊自己。因為正面的思考，所以她沒有眞正感到挫折的時候，難過只要一分鐘就過去了。她會檢討：我可以從挫折中學到什麼，讓自己下次不再犯錯。

小時候的匱乏沒有讓她認命，她堅信人生是可以經營的，不是命定的，就看妳如何做。她最常舉的例子是婆媳間的相處。邱麗孟的公婆很疼她，連先生有時都會嫉妒。可是剛結婚的時候，家裡是婆婆作飯，她想負責洗碗，婆婆每次都拒絕。後來她主動問婆婆原因，婆婆才說是老人家有自己的獨門洗法，怕她笨手笨腳洗不乾淨，邱麗孟自告奮勇說，會完全遵循婆婆的方法去洗，婆婆就欣然接受了。

你希望人家如何待你，首先你就要如何待人家。遇到問題時，要先讓步，等對方有好的回應，大家就可以再談下去，各讓一步，事情也許就談成了。畢竟大家要的是結果。

邱麗孟對年輕人的建言是，首先一定要了解自己，知道自己的長處和缺點在哪裡？她說，工作無好壞，把自己放在最適當的地方去發揮才是最重要的。決定自己的方向後，要注重的是中長期發展的目標，而不是短期的利益。不要因爲短暫的薪水或是頭銜而浪費掉自己的時間，無法累積資歷，最後會讓你回到原點。

人生是長跑而不是短跑，一定要很清楚自己的人生目標，不認爲自己現在是成功的，就停止進步與學習。因爲人生可能要到五、六十歲才能蓋棺論定，現在有成就也不應太得意。但是自己現在的成就能讓父母、公婆、先生和小孩都引以爲榮，還是讓她很快樂。

唯有歷經徹骨寒，才得梅花撲鼻香。邱麗孟由貧窮走到富裕，她相當珍惜奮鬥後的榮耀掌聲，目前每天仍工作十二個小時以上，希望續保既有的優勢，並能再創另一個事業高峰。

帶著微軟的光環，邱麗孟未來的事業願景將以super sales自居，帶領台灣微軟繼續在企業、政府及教育市場拓展新機，爲微軟打下更大的江山。她的下一步是讓台灣微軟的表現能在全球眾多分公司脫穎而出，創造更耀眼的成績。

以創意迎戰消費市場

充實自己，掌握機會

姚莉仙◆台灣飛利浦消費通訊部總經理

成功特質

- ◆以客户利益為先
- ◆要做就要好好做
- ◆讓自己覺得渺小
- ◆活用創意行銷手法
- ◆把自己訓練成需要的人
- ◆一個人做全方位的事

「哩麥擱卡啊！」這句通俗有力、屬於冷色調幽默的廣告句，已成爲大家朗朗上口的通訊用語，也紅了飛利浦的手機。

爲了促銷飛利浦這款「耐操」、「耐用」、「耐長」的三好機，已經四十二歲的姚莉仙不顧總經理之尊，在新手機發表會上，卯足勁，粉墨登場演出相親記，公開自己徵求男友的條件，就要像這三好機一樣。她幽默鮮活的演出，逗笑了活動現場通路商與媒體。這款手機的功能，也隨著這齣戲，深烙人心。

飛利浦消費通訊部門總經理姚莉仙就憑她「敢言人所不言，敢做人所不做」的創意以及鬥志，只以短短四年的時間，就讓飛利浦的手機銷售突破重圍，在戰火激烈、變化多端的台灣市場中，締造傲人的成績。

當初業界還有人預測姚莉仙在飛利浦做不過半年就會陣亡，但她不僅在二〇〇〇年飛利浦亞太地區消費通訊部門的競賽中，勇奪最佳經理人獎，她所帶領的部門也同時獲得最佳團隊獎。她最引以爲傲的是自己一手建置的部門，從無到有，以另類的創意活動，將硬梆梆的手機融入生活中，讓飛利浦得以在煙硝塵上的市場中，殺出一條血路。

一九八六年，加州大學河濱分校企管碩士畢業的姚莉仙，一回台就加入美台電訊（AT&T Taiwan Telecommunications）。前滙豐電訊總經理鄒開蒂當時是面試官之一，對姚莉仙的思路清晰、坦率和聰慧，留下深刻的印象。剛開始，姚莉仙是負責物料管理、生產控管、成本分析等較幕後的職務，後來AT&T國際通訊服務部的直屬長官David Cowart給她磨練的機會，讓她跳到第一線上做業務。一躍上檯面後，憑著果決與絕佳的執行力，她在一九八九年就升爲國際客戶經理，從此與電信業的行銷業務結下不解之緣。

以客戶利益為先

「不會喝酒、不會打麻將、也不方便帶客戶上聲色場所，一些業務人員會的，我都不會。」姚莉仙沒有傳統業務員做生意的手法，卻以另一種「以客戶利益爲先」的體貼做法，在談判桌上把自己放在對方的立場，爲對方的利益做最好的打算。一場場的商務戰打下來，佳績頻傳，就算做不成生意，她那就事論事的態度與豪爽的眞女人性情往往也讓對方印象深刻，雙方因此成爲好朋友。憑著這股「做什麼，就要像什麼」的衝勁，姚莉仙一路高昇，成為ＡＴ＆Ｔ易連通訊服務(Easylink Service)的市場及行銷處長，也是當時台灣通訊業中極少數的高階女性專業經理人。

要做就要好好做

一九九四年初，當全球手機大廠諾基亞尋找大中國區的業務經理時，機會敲了姚莉仙的門。鄒開蒂說，姚莉仙是一個勇於掌握機會的人，在那個兩岸關係緊繃且封閉的年代，三十來歲的她，就勇闖中國大陸通訊市場，雖是女兒身，志氣與膽識卻不讓鬚眉。

姚莉仙以「人生是一張待完成的地圖，我將努力塡滿空白處」的信念，決定從固網走入無線通訊的世界。在通過長達六個小時的面試與筆試測驗後，姚莉仙拿下諾基亞全世界第二名的測驗佳績，當天就被通知錄取，談定的職務是負責Ｎｏｋｉａ在華東和華中所有的業務。

她毅然決然地捨下台灣的一切，孤身一人來到北京，開始她的新事業。但迎接她的卻不是平坦大道，而是險惡人性。在代表諾基亞公司與中國聯通（中國第二大的電信事業體）洽談合約時，遇到同事的陷害，她被冠上一些莫虛有的罪狀，惹來不白之冤。「有苦說不出的經驗，讓我痛哭了好幾天，一下子瘦了一大圈。」姚莉仙回憶起在中國大陸工作初期的經驗。

但有能力的人終不會被埋沒。離開了諾基亞，姚莉仙很快被挖角到愛利信公司（易利信在大陸的名稱），同樣負責GSM行動通訊系統的推廣。在上海與北京的戰場上，姚莉仙帶點俠女的性格令大陸的通訊業界印象深刻，雖然完全沒有人脈，但在她「要做就要好好做」的信念下，三個月內就拿下一樁讓公司高獲利的大標案。

兩年多的大陸經驗，讓姚莉仙學會「看人」。她說中國大陸人才濟濟，但在人性的掌握上特別困難，有些人心很險惡，但也有些很溫馨，所以要用台灣的管理方法套用在大陸上，大多數是行不通的。台灣人可以台灣經驗為榮，但要到大陸當地去看台灣經驗是會水土不服的。即使到大西部也不要低估人家的實力，所謂「強龍不壓地頭蛇」。

讓自己覺得渺小

她以自己曾犯下的錯誤以及用血淚換來的經驗，奉勸沒有去過大陸的人不要小看人家，也不要帶著優越感去大陸工作。要忘記自己在台灣曾經成功過，把自己當作是在一個外國的新公司工作，戒愼恐懼。她說：「不要以爲世界會隨你運轉。我在大陸工作時，時常覺得人海茫茫，自己像是一粒沙。所以閒暇時，我最喜歡上北京天壇。到那兒可以讓自己覺得很渺小，然後可以歸零，沈潛自己，再重新出發，才會做得更好。」

在大陸，因爲寂寞的時候很多，姚莉仙也不希望離開家人太久，所以最後她還是選擇回台灣發展。

活用創意行銷手法

近五年前，當姚莉仙接手飛利浦消費通訊部門時，一般人對於飛利浦的印象，總是停留在全球知名的家電廠商。至於手機，似乎不如全球前三大手機廠如諾基亞、易利信等來的令人印象深刻。「在思索如何打破消費者的刻板印象，與無力改變產品規格的情況下，我決定在行銷手法上融入更多的創意，以突破窠臼。」姚莉仙說。在行動通訊硬體上，客戶的喜好決定勝負。但在開放且競爭激烈的市場中，如何有效地傳遞出產品特色，困難度頗高。不過對於喜歡動腦、愛看廣告的姚莉仙來說，她自有一套行銷策略。

一九九八年初，寒流襲來，但在台北太平洋百貨公司前舉辦的「彩繪手機」活動熱度並未稍減！儘管對E世代的人來說，現在幫手機換殼是一件稀鬆平常的事。但在當時通訊消費市場一律只有黑色手機時，飛利浦可是第一個在手機個人化上面作文章的業者，而這個背後的發想者就是消費通訊部門總經理姚莉仙。

驚喜的活動還不只一場，一九九九年中秋節，手機通路商與媒體收到一份意外驚喜。飛利浦消費通訊部門將Savvy手機中的心情圖案做成塑膠片，藏放在月餅中，讓月餅內餡中藏紙條的古老傳說，也有了E時代的新解。飛利浦再一次以靈活的行銷手法，造成話題。

把自己訓練成需要的人

姚莉仙的老長官David Cowart老愛說：「Shirley是一個確實知道自己要什麼的人，但卻也是不會妥協的人。」他常常提醒姚莉仙工作哲學，是要能不放棄自己的堅持，但也不要衝過頭，傷了和氣。姚莉仙也努力創造出一個工作氣氛良好、默契佳的團隊，讓自己在市場上衝刺無礙。

上班族應該學習在工作場所中，觀察公司的系統需要什麼樣的人，然後把自己訓練成系統需要的人，就可以不用去研究老闆是什麼樣的人？喜歡什麼？因爲現在的商場變化太快，上司和下屬常會變動。花太多時間在研究人與人的關係上，有時反而會忽略公司交代的任務。

在職場上一定要有足夠的觀察力，不論是新鮮人或是剛換跑道的人，要觀察四週的人平常都是如何做事的，公司的舊資料放在哪裡？哪些資源是可以用的？只要掌握得好，就可以省略很多摸索的時間。雖然公司大部分的事都是蕭規曹隨，但如果你發現那不是最好的方式時，就要想辦法改善。先用現有的資源讓效率變得更好，有機會再示範給同事看，當大家都覺得你的方法很好時，再尋求眾人的力量向公司爭取改善，把效率一步步提升。這也是品管的作法。

一個人做全方位的事

她也在組織裡推動一個人可以做多方位的事。她說，做事要想辦法要求自己盡快完成，效率高，錯誤少，才會有較多的時間去培養自己其他的技能。她最討厭人家說：「這件事不是我負責的。」姚莉仙認爲，如果大家都推來推去，公司的競爭力就弱了。一個人當兩個人用，甚至當三個人用，反而可以激勵同仁去拓展本業以外的工作領域。她說：「也許有的人會覺得我要求太多，但到目前爲止，員工都支持我，也覺得很快樂。」

初中時，老師給姚莉仙的評語是「古道熱腸」，她的確希望自己對大多數人而言，都是有用的人，也很樂意幫助他人。嘉合資訊總經理馬百里說，姚莉仙就是個節奏快、執行力強又聰明的專業經理人，但反過來說，也代表著耐性不佳。他就常建議姚莉仙，有時候停下腳步來想想，做事情走直線，有時反而不是最快的距離。

堅信「認眞的人最美麗」的姚莉仙，面對變化快到無法用經驗法則來經營的通訊市場，她一定又在動腦筋想些什麼奇招，準備創造新的流行了！而她的奇招，不僅通路商關心，消費者也引頸期盼中。

在變革中找立足點

不求名利，崇尚樸實、豐富的人生

洪麗甯◆緯創資通業務行銷部副總經理

／前宏碁電腦DMS業務行銷副總

成功特質

◆對工作充滿感情

◆人力減半，業績加倍

◆「用心」對待客戶

◆培養業外的文化素養

◆品管提升再提升

◆用「信心、希望和愛」帶人帶心

◆從doer（實行者）變成thinker（思考者）

◆靠能力和創意過關斬將

公元二〇〇一年二月初，天候乍暖還寒，就像宏碁人心中忐忑不定的心情。洪麗甯看著手捧裁員名單、臉色凝重的總經理林憲銘，作為二十年的老宏碁人，她的心頭也是千斤重。

這一年，宏碁集團為了重振雄風，集團董事長施振榮大幅調整高層人事，在新宏碁的誓師大會上，洪麗甯臨危受命，由企業改造工程部門副總轉任研發製造服務（DMS）業務行銷副總。除了得安撫同仁的士氣，她還肩負提振業績的重任，攘外安內，就算景氣再怎麼低迷，她也決心要打起精神拚一場，帶領同仁從谷底翻升。

當時四十四歲的洪麗甯自認已經渡過人生最困難的時期，但此時宏碁和緯創的困難卻還沒過關。宏碁集團的大變革，也是出任緯創資通公司副總的她另一次蛻變的機會，洪麗甯決心帶領新公司的員工再創業績高峰。

對工作充滿感情

沒有興趣、沒有感情的工作是不可能長久的。

個頭嬌小、活力充沛的洪麗甯情感強烈，她最喜歡的一本書是雨果所寫的文學名著《悲慘世界》，原因是劇中人強烈的「執著」深深吸引著她。同樣地，二十年前她也被宏碁電腦董事長施振榮對開創中文電腦世界的理想所感動，台大政治系國際關係組畢業的她，放棄光鮮亮麗的貿易商高薪工作，毅然加入宏碁，從當時的部門主管蔡國智的小秘書開始做起。

與施振榮對談一個多小時，讓她感受到在宏碁確實是為台灣土地做事。洪麗甯走出宏碁當初位於民生東路的舊辦公室後，心中只有一個念頭：「再沒有一個公司會比宏碁更適合我了。」就這樣，一次的感動決定了她為宏碁賣命二十年。

這二十年來的感情不變，甚至愈深愈濃，公司與她的生命似乎早已緊緊相繫。

人力減半，業績加倍

進了宏碁，雖然只是小秘書，但她的直屬主管蔡國智（現為力晶總經理）總是不斷鼓勵她，應多嘗試不同的領域，讓自己有更大的發揮。老長官帶人的方法對她有很大的啓發。洪麗甯在宏碁是因為成了OEM的業務戰將而揚名。當年由於負責宏碁「高科技輸入管制工作」表現優異，受到北美分公司總經理劉英武的賞識，因此拔擢她出任OEM部門的業務工作，專職洽談下單給宏碁代工的歐美大客戶。這也是她在工作上的第一個轉捩點。

儘管剛開始帶的是戰力最弱的一個業務小組，她卻成功地將團隊轉型為有效率的作戰部隊，雖然人力減半，業績卻從一年三千萬美金提升到一億美金，成為超級業務戰將。

「用心」對待客戶

她認為自己在業務上能夠開創一番天地，其中最重要的因素是「用心」對待客戶。

洪麗甯最難忘和歐美客戶談判業務的經驗。她自己常單槍匹馬代表宏碁赴德國與多位客戶對談，從產品品質的控管談到如何賠款等細節。很多時候，在談判的前一刻，都還無法掌握太多相關對方的訊息，但她都會先揣摩對方可能出現的招數，而預作因應對策。情況再困窘，她仍勇敢面對。個頭嬌小的她，常單獨面對多位高頭大馬的外國客戶。有一次，一位德國客戶就問她：「你們公司就讓妳一個人來？」洪麗甯笑著點點頭回答：「Yes」。但幾番交手後，她通常都能憑著專業能力取得客戶的信任和友誼，當然，最直接的鼓勵是取得客戶的大訂單。

培養業外的文化素養

要成為一個成功的業務人，除了要具備專業的知識、銷售的能力外，豐富的文化素養也是不可或缺的一環，能巧妙的加以運用，常會有意想不到的收穫。

洪麗甯自認經營歐洲客戶的成功，除了專業外，文化素養也是重要的無形因素。在宏碁OEM部門工作之前，她就對歐洲文化和語言相當有興趣。做了歐洲生意之後，還特地讀了西洋歷史和德語，所以每次和客戶開會，不論是生意上的討論或是私下的閒聊，話題的接近總能讓氣氛融洽。九年下來，她結交了許多異國朋友。直到這幾年，還有些已經成為好朋友的外國客戶，會在聖誕節帶著家人到家裡來和他們全家共度佳節。

除了歐洲市場外，她在美國市場也多有斬獲。洪麗甯在八〇年代初期由宏碁借調，外派到明碁北美分公司任職。隨後於一九八八年中再回到宏碁母公司，在邰中和負責的全球銷售行銷部門旗下，負責管理北美分公司。在美國的那兩年是她人生的黃金時期。週末假期可以享受加州的陽光，她也會參與地方的活動，增加和美國當地居民的接觸，像橄欖球就是那時期涉獵很深的活動之一。當時，還在宏碁任職的華碩電腦創辦人童子賢及謝偉琦，有時到美國為公司作秘密專案時，會上她家作客，和她華山論劍一番。這段歲月，她有很大的成長，也有很多的快樂。

品管提升再提升

沒有好的產品，再強的銷售手法也是枉然，一定要自己也能愛上產品，才能有效的推銷。在這方面，洪麗甯對自家產品的熱愛，也是成就她銷售業績的原因之一，因此，她對品管的要求相對的提高。

由於長期在宏碁的 OEM 部門工作，洪麗甯對產品自然投注不少感情。有次她在日本東京餐廳和 OEM 的客戶用餐時，正巧看到一位日本年輕人把玩著一台這家客戶廠牌的筆記型電腦，當下身旁這位客戶隨即趨前遞上名片，詢問年輕人使用這台筆記型電腦的滿意度。那時，洪麗甯心裡很不是滋味，因為那台筆記型電腦正是宏碁爲這家日本廠牌代工生產的。掛上了別人家的品牌，儘管消費者再滿意產品，身爲代工廠的宏碁卻沒有發言的餘地。爲人作嫁的悲哀，讓她心裡很掙扎。

但有時候，看見客戶撫摸產品，那份愛不釋手、專注又投入的神情時，她很感動，心中油然產生更大的壓力，逼使自己須再提升品管的要求。

用「信心、希望和愛」帶人帶心

九年的 OEM 業務經驗，她爲宏碁培養出許多優秀的專業經理人。洪麗甯的感情豐富，但處事卻又相當理智，十足雙子座的個性。她的老長官力晶總經理蔡國智說，洪麗甯在要求工廠的進度時相當強勢，甚至有咄咄逼人的感覺。洪麗甯則形容自己是「女暴君」。但她常以三項哲學來鼓勵業務部門的同仁，那就是「信心、希望和愛」。洪麗甯說，不能失去信心、永遠抱有希望，以及團體的愛支持著彼此。這種信念對像她這樣沒有太多宗教信仰的人來說，特別重要。

一九九四年洪麗甯負責北美生意時，有一家筆記型電腦客戶要求改變交貨方式，希望宏碁能在全球不同的地點交貨，因此促使了宏碁赴海外設廠以支援客戶。

因爲交貨從原先「點對點」的方式擴展到「面對面」，爲了佈局新的全球交貨模式，洪麗甯過了一段相當辛苦的日子。爲了協調在亞洲、美國和歐洲的分公司進行多點對多點的交貨，她需運用公司的資源。她說，你要能清楚地表達你需要何種資源。在宏碁這種自由的環境下，只要你能說服別人，就可以得到資源。當然這時候「人和」也是成功的因素之一。

由於洪麗甯順利建立起全球交貨的模式，之後宏碁就有能力接下更大客戶的訂單了。

從doer（實行者）變成thinker（思考者）

隨時保持好奇心，不斷自我學習的洪麗甯，在一九九八年唸了政大企家班之後，因爲又有機會和麥肯錫的顧問們共同工作，因此從第一線的業務工作轉型爲行政工作。一個戰將色彩濃厚的人轉進策略的領域，她的選擇很多人不以爲然。因爲當時洪麗甯的OEM生意正在最高峰，而台灣本土的公司一般都認爲行政工作不是那麼有前途，但她「看得破，也捨得」。

她說，學習如何運作一個大計畫；也從指揮同仁做事，改為建議別人合理的作法。這其中是有很多學習的機會，這種轉型，其實在IBM這種外商公司就很常見。運作大計畫更需要溝通和提供建議，很可能得罪人，但她抱著「這可能是我在公司的最後一個工作」的心態，也就不怕對別人講實話。

轉進新工作之後，有不少的心得。洪麗甯說，以前做業務常憑靈感，但是現在負責的案子越來越大，就要學會分析。這些從企家班和顧問群的工作上她都已經得到訓練，加上自己看了很多書，才能更上層樓，讓自己從一個doer（實行者）變成thinker（思考者）。

洪麗甯說，以前做業務時，都會覺得向客戶作的簡報不用做得太漂亮，只要自己的產品夠好就好了。但現在覺得，能把自己的意念用簡單的圖表清楚表達是很重要的。像老闆覺得他很有策略，可是下面的人都不知道他有策略，這就是溝通出了問題。

但有時她也會想，自己如果是男性，可能就不會做出這種選擇。因為很可能你做了行政工作就轉不回業務線上了，但她覺得「捨得才能得到更多」。人生要有規畫，但也要懂得隨緣，不要強求。

靠能力和創意過關斬將

宏碁集團的重整，讓許多員工不像過去那麼有信心，危機意識也提高很多。但洪麗甯仍有堅定的信念，希望協助宏碁浴火重生。

爲了集團的重整，她轉任到緯創擔任業務行銷副總，從一個大家都知道的宏碁大公司到名不見經傳的緯創小公司，但讓人驕傲的是，同仁把她當作「寶」。一來洪麗甯表明不跟其他人競爭職位，大家不會把她視爲威脅。二來因爲是女性，在工作上可以用更多的面貌去面對同仁，在一些場合上化解歧見或爭端。三是在產品策略的修正上也可以提供很多的建議。

洪麗甯說，自己人生的困難期已過，但緯創和宏碁的困難還未過關。未來，她要運用自己的能力和創意，帶動旗下員工，讓緯創和宏碁在二〇〇二年的市場有更好的立足點。

架構國際化大佈局

行銷必須是每一天、長期累積的工作

張華禎◆訊連科技總經理

成功特質

◆帶領組織不斷往前邁進
◆生活簡單自然
◆以專業贏取業績
◆不同領域歷練，奠定紮實基礎
◆設定國際化大格局
◆目標管理，每天做行銷
◆讓組織有自己運行的能力

訊連科技總經理張華禎被譽為「資訊界最美麗的CEO」。一個非科技背景出身的CEO，卻能帶領訊連從一個資本額只有一百萬元的本土軟體小公司，迅速成長到資本額兩億元的跨國企業，張華禎最為科技界所津津樂道的，是她在科技行銷的專業。不論是擔任趨勢科技的執行副總，還是訊連科技總經理，她都交出非常亮眼的成績單。

張華禎是以她所學的財務專長敲開了科技業的大門，在趨勢科技公司時，累積了在軟體行銷和財務管理上豐富的經驗，有目共睹的表現，讓以技術見長的夫婿黃肇雄在創業時，視老婆為總經理的不二人選。訊連科技是國內資訊業夫妻檔創業成功的案例之一，技術和行銷的完美結合，讓訊連成功地站上國際市場的舞台。

帶領組織不斷往前邁進

夫妻創業的動力是為了將學術研究的成果轉化為商業價值。訊連是生產多媒體影音播放系統與視訊會議相關產品的軟體公司，一九九四年當台灣對於具聲光特效的多媒體通訊仍懵懵懂懂時，黃肇雄就在台大資訊工程研究所設立全台第一個多媒體通訊實驗室，培訓了一群子弟兵。爲了讓旗下子弟兵的創意變成產品，夫婦兩人決定創業。

訊連的產品將多媒體影音娛樂帶入現代的電腦家庭之中，而全球知名的DVD播放軟體 PowerDVD 的誕生，更爲全球 PC 使用者提供了最佳的數位影音視訊解決方案。而看好寬頻網路時代來臨，視訊與音訊技術將是新一波多媒體電腦最重要的技術，張華禎今年將把重心放在開發網路影音串流(streaming)產品。她力行自己的「版塊理論」，這個理論是說，即使已經成功開拓了舊的版塊，但當新的版塊浮現時，就要勇敢地跳上去。

張華禎永遠會爲自己設定目標，帶領組織不斷地往前邁進。

生活簡單自然

張華禎出生於軍人之家，幼年生活在物質上雖不富裕，但得自父母相當多的關愛，造就了溫暖的人格性質。她總是笑容可掬，溫柔可人，即使己是上櫃公司的總經理，她不戴首飾，習慣穿簡單樸素的衣服，私底下常穿T恤加牛仔褲，親切地一如鄰家女孩。

喜歡過簡單自然的生活。沒有一般名人、CEO愛買名牌的習慣，訊連科技得到空前的成功之後，有人建議她換掉三年的愛車，改開符合身分的賓士，她也覺得沒必要，因爲「實用」，才是她生活花費的考量。對照上億的身價，張華禎的生活一如求學時代，省錢不刻意，只是簡單自然而已。

求學之路很順遂，她從北一女畢業後考上台大商學系工商管理組，一九八四年大學畢業後就進入法商百利銀行任職。一九八六年有感於外商銀行的升遷偏愛高學歷和MBA的背景，因此決定再赴美攻讀財務行銷碩士學位。

在美國加州大學洛杉磯分校（UCLA）研讀MBA時，學校紮實的實務訓練讓她印象深刻。她說，第一堂課就是錄影，從錄影帶中指導修正學生的言行舉止，包括走路姿勢及面談技巧等。加上大學中有很多和美國企業合作的專案讓學生實習，這些學習經驗對於她後來經營事業有很大的啓蒙作用。

以專業贏取業績

在美國深造期間，張華禎認識了同為台大校友的黃肇雄，進而結褵。學成歸國後，張華禎到花旗銀行承銷部工作，黃肇雄則回母校資研所任教。張華禎學以致用，在花旗銀行之後，轉到京華證券，仍然是在承銷部門工作，常常要下南部拜訪企業，說服企業負責人將公司上市。面對年紀幾乎都在五十歲以上的老闆們，只有二十幾歲的她只能用專業說服老闆，每一步走來都不輕鬆。但承銷部的經驗讓她成為推動企業上市上櫃的高手，這項專長也讓她躋身高科技業，進入後來蓬勃發展的趨勢科技。

不同領域歷練，奠定紮實基礎

在趨勢科技的時期，對張華禎來說是一段很難忘的時光。她因緣際會結識趨勢科技的創辦人張明正夫婦，對他們的理想和熱情很感動，剛好趨勢科技正準備到日本上市，這正是張華禎的專長，因此她就加入趨勢的行列。她很感激張明正給她機會跨足不同的業務領域接受訓練，而她也喜歡接受新事物的挑戰。職場中許多人不喜歡工作內容時常變動，但她卻認為不斷有新事物的刺激是很興奮的經驗。從財務到行銷，再到行政和業務，多種的歷練為她後來經營訊連奠定了紮實的基礎。

張華禎夫婦創業的構想主要源於黃肇雄的技術背景。黃肇雄回國後任教於台大資訊工程研究所，成為國內多媒體通訊領域的學界泰斗，他設立國內第一間多媒體通訊實驗室，帶領學生致力於影音視訊開發技術。隨著技術的成熟，為了使研究心血走向商品化，進而創造更大的效益，並凝結這批研發團隊的爆發力，黃肇雄在一九九四年率領團隊的五位工程師創辦了訊連科技。

公司成立初期的核心人員全以研究技術人才為主，雖然擁有高超的技術，但還是小公司，技術之外的人才尋覓不易。為了使公司的營運走向更寬廣的領域，黃肇雄遊說擅長財務及行銷的太座張華禎接任訊連科技總經理，除了可控管公司的財務、行銷及營運外，也可為訊連日後的上市預作準備。

當時張華禎在趨勢科技已擔任全球財務長暨執行副總，而趨勢科技已成功在日本上市，成為全球知名的國際防毒軟體公司，張華禎正是可以享受辛勞之後的豐收時期。但她認爲，趨勢科技已經成功，訊連才剛開始，有好的產品，卻沒有賣產品的經驗和手腕，而行銷是她的專長，到訊連可以發揮更大的貢獻力，再加上老公的「人情壓力」，因此她在一九九七年加入訊連經營團隊。

設定國際化大格局

軟體公司的產品技術和業務行銷須相輔相成，張華禎的到位，讓訊連有了絕佳的團隊組合。創業時一步一腳印，辛苦且資源少，但張華禎依然爲公司設定國際化的大格局，積極朝目標前進。

訊連目前擁有兩大產品線，一是以解壓縮技術爲主的播放系列，如Power DVD、VCD Power Player等，一是與周邊硬體整合應用的軟體，如視訊會議系統LinkTEL、視訊攝影機遊戲Video KANOID等。一開始她便積極規劃訊連產品參加國內外專業評比，以求在影音軟體市場上吸引客戶。再透過與硬體廠商如東芝、康柏搭售，提高市場佔有率，並反過來推出套裝軟體至消費者端，由於已經建立起使用習慣與品牌知名度，因此市場推廣的困難度大減。

在國內訂單方面，她先爭取國內最大液晶廠商——聯訊的訂單，坐穩國內的市場佔有率，再開始向國外市場拓展，二〇〇〇年拿下美國大廠DELL的訂單，讓公司規模往上躍升，之後攻城略地，接連拿下歐洲、日本和韓國的大客戶，在韓國的市場佔有率更高達95％，架構起國際化的佈局。

在她的帶領下，短短四年內，訊連的員工數從八位擴張至百人，資本額由一百萬元增加到兩億元，在美、日分別成立分公司，全球業務和市場佔有率連續創下高成長，三年中，公司盈餘成長率高達243％以上。二〇〇〇年十月公司順利上櫃，在市場景氣一片低迷中，公司股價仍一度逼近三百元，在軟體和證券市場搶足了風頭。

由於產品技術層次臻於國際級水準，訊連陸續獲得英特爾、PC Computing，以及歐洲各國電腦雜誌推薦。而訊連在市場表現搶眼的原因，除了產品外，「目標管理」的確實執行，更是實踐高成長率的背後功臣。

目標管理，每天做行銷

從花旗銀行、趨勢科技出身的張華禎，採用國際大公司「目標管理」的方式營運。每一季開始，部門員工都會訂下可行的目標，與主管確認過，日後就按表操課，作爲半年一次員工績效檢閱的標準。某些新進員工不適應這套管理方法，三個月內就會自行離去，而一旦願意留下來的人，自然配合度高，也間接表現在每一季的財務表現上。

行銷也是趨勢科技和訊連科技向爲業界稱道的地方，訊連目前還編列十餘人的專業團隊，負責回應客戶要求與發佈相關新聞資訊。張華禎認爲「行銷必須是每一天、長期累積的工作。」這是她覺得自己和其他影音軟體廠商策略相比時，最不同的部分。

而身爲一個非科技出身的CEO，她能提供給年輕工程師的，是一個理想、一個遠景，當本土研發團隊也有能力發展出世界級的產品時，這種成就感對年輕人很有吸引力。

讓組織有自己運行的能力

經營一個成功的事業，張華禎認爲應該讓組織自己有運行的能力。組織是個有機體，能夠自己解決問題，健康地往前走，有需要時，領導人再馬上跳進去處理。一位領導者是要不斷往前看，爲了公司的長久，經常要思考未來三到五年的問題，永遠有目標，看得遠，才能帶領組織往前走。

即使創業成功，她仍定位自己是專業經理人，而且覺得離自己所設定的最大藍圖還很遠。擔任CEO的工作繁忙，但她還是不斷吸收知識，一週可以讀完三本以上的暢銷書以及多份當期雜誌，充分展現科技公司「快」的特質。張華禎今年將把重心放在開發網路影音串流(streaming)產品，她說：「這是一塊從來沒觸碰過的領域，好興奮。」喜愛新奇事物的張華禎，眼睛閃著光芒，血液中的好奇因子又躍躍欲試地想帶著訊連向未知領域往前衝。

創造獨特的自我品牌

設立高標準，永遠不要放棄

曹慧明◆慧友電子總經理

成功特質

◆利用時間充實自己，自我更成長

◆work smart and work hard

◆創新就能領先

◆具備創業雄心

◆對自己的產業和產品有信心

◆知識管理，加強員工教育訓練

◆設立高標準，永不放棄

十吋的小螢幕電視滿足了開車族在行車時間的影音娛樂享受。而汽車內的電視設備得以問世最主要是電視內建衛星接收器的發明。你知道嗎？這項全球市場上獨特的發明正是慧友電子總經理曹慧明的代表作。

研發出身的曹慧明有很多的傑作，其中一項發明是以她自己的名字命名。爲了與歐洲大廠中所使用的「熊貓」線路一較長短，她帶領憶華科技的研發團隊自創「慧明線路」應對，讓憶華公司得以生產更價廉且質優的衛星接收器，進而席捲大陸市場，成爲當時最熱賣的產品之一。

在憶華科技總經理盧瑞彥的眼中，曹慧明這個同是台大電機系的小學妹正是業界不可多得的「寶貴與稀有」人才。一般對無線高頻通訊模組開發人員來說，在處理類比與數位訊號間，似乎有很大的鴻溝難以跨越，一個是 dB，一個則是0與1，業界少有人能悠游於兩方，並能夠處理的很好。而曹慧明卻有這一份聰慧，自在悠遊於這兩個不同的訊號間。

利用時間充實自己，自我更成長

會跨入無線通訊產業界，源於在台大電機系就讀時教授的一番話。當時聞名衛星界的白光弘教授說：「通訊不會落伍，因爲人類總是有通訊的需求。」這句話點醒了曹慧明，再加上當時家庭經濟遭逢變故，生活步調猶如打入泥地，讓曹慧明不得不放棄原本出國留學走學術路線的計畫，改而縱身於產業界的研發工作。

畢業後，曹慧明進入憶華科技擔任研發人員。她做事比男同事還賣力，如果男同事工作十小時，她就做十二個小時以上。上級主管交代的事一定如期完成，並且會利用時間充實自己，讓自我更成長。

很多人都說研發部門的女性就像男人婆，年輕的時候，她也以男人婆自居，但年過三十以後，她發現女性的特質其實可以成爲工作上的助力。例如女性的協調性好，可以在意見衝突時彌補男性的陽剛。女孩子細心，像寫程式只要有一個小小的bug（錯誤），整個程式就沒法動了，女性比較容易發現細微的失誤。

work smart and work hard

一直抱著要work smart and work hard工作哲學的曹慧明說：「身爲研發人員，在設計產品時，若只想把產品設計好，卻因曲高和寡而導致產品賣不出去，反而減損產品的價值。」比起研發部門的同事，她少了一分研發人員的傲氣，卻多了一分觀察市場需求的敏銳。

百勝科技總經理繆振威，當年是曹慧明在憶華科技的同事。他說，有些研發人員對於市場感應度不高，只知埋頭做研究，但是曹慧明卻是一個可以同時兼顧研發和業務的好人才。本位主義不重且身段柔軟的她，不僅時常會下生產線幫忙，還可以一個人扛著機器到歐洲拜訪客戶。她可以立即架設好衛星接收器，並即時解答客戶提出的質疑，讓客戶很滿意。所以她每次一出馬，就可以拿下不少訂單。

創新就能領先

爲了研發內建衛星接收器的十吋電視機產品，過去一直沒有碰過電視機結構的曹慧明，在接下這個挑戰時，先動手拆解了兩台電視機，以了解其中的高壓電路、CRT與複雜結構的設計，之後再行組裝好。她的研發理念是：「每作一個電路時，就要想到創新，特別是要以精簡的設計，達到不同的效果，並能維持三到四年的性能與價格領先。」擁有冷靜頭腦的曹慧明，果然在很短的時間，就讓這個世界級的產品問世，並在歐洲熱銷。

一九九四年，在有火都之稱的四川成都市，舉辦了一場研究衛星接收器的研討會，會議中心擠滿了學界的知名人士。站在台上侃侃而談的是來自台灣的曹慧明，她以冷靜、精闢的數位語言，講述自行研發出的「慧明」線路在性能上如何與歐洲大廠中所使用的「熊貓」線路一較長短，讓衛星接收器中的影音系統以更低的成本達到同樣的效果。演講結束後，蜂擁而上的聽眾，將個子嬌小的曹慧明團團圍住。這個來自台灣的科技女傑，征服了全體聽眾的心。

當年陪同曹慧明一起去成都的盧瑞彥，一談起七年前這場演講，到現在還覺得與有榮焉。盧瑞彥說，九〇年代當亞洲衛視開播後，中國大陸掀起一股收看衛星電視的風潮，但衛星接收器的市場一向由歐洲大廠獨攬，後來憶華科技也加入衛星接收器的開發行列，以自創的「慧明線路」對抗「熊貓線路」，物美價廉的產品成功地奪下了大陸市場。

具備創業雄心

在憶華科技工作期間，身爲研發部門主管的曹慧明，把產品線的成敗當作跟自己的生命一樣重要。但因爲先生黃佳銘一心想自創品牌，當她決定和先生攜手創業時，她向憶華總經理盧瑞彥說：「請您以嫁女兒的心情，看待我想創業的雄心。」因爲對盧瑞彥的栽培充滿知遇之恩，她也邀請盧瑞彥擔任慧友電子的董事。

一九九五年，曹慧明離開憶華科技，和同是台大電機系畢業的先生黃佳銘一同打入安全監視產業，成立專攻電子安全系統產品的「慧友電子」。創業之初，兩人的工作既是業務也身兼研發。很多時候研究上被難解的 bug 困住了，爲了解題，夫妻倆經常工作到深夜。在當時北二高尚未開通時，她記憶最深刻的是兩人經常在三更半夜開著車，繞著汐止墳墓山回到木柵的家中。

夫妻創業最大的快樂是因爲共同工作，知道對方的辛苦，能夠開誠佈公地談事情，也能分享成長的喜悅。曹慧明說，做研發的人十之八九都不會太快樂，因爲隨時都要突破。創業也是如此，低處時想著如何突破，高處時要小心不要讓高潮給翻覆了，隨時都要小心謹愼。

對自己的產業和產品有信心

她對自己選擇的產業和產品很有信心，夫妻兩人的同心努力讓慧友電子一開始就有叫好又叫座的產品問世。慧友第一代的攝影機產品，就有劃時代的意義。慧友利用當時新力Sony推出的CCD Sensor（電荷藕合感應元件）製造出彩色攝影機。不僅影像清晰，沒有雜訊，更重要的是體積小、價格低。也因此在市場上得到很大的迴響。

慧友電子名列天下雜誌二〇〇〇年所評選中堅企業營收成長前百大的第十名。多年來，在美國、德國、北京和香港設立四個海外子公司，員工成長到全球三百多人。公司順利上櫃，並實現了當年創業時的願景，以EverFocus自創品牌行銷全球。

公司向來是生產追著訂單跑，業務欣欣向榮，曹慧明接任總經理後，因爲經濟不景氣，再加上最大的美國外銷市場發生九一一事件，使得營業成長比預期低，讓曹慧明有些挫折。但她說，以往大家忙著生產都來不及了，沒有人有時間思考公司未來的發展，現在成長減緩，大家的速度放慢，這個低潮期正好可以做公司管理面的確認，未來景氣好起來時，公司就會成長更快。

知識管理，加強員工教育訓練

曹慧明認爲公司不只需要錢財、人才，還需要知識財。公司已順利增資，錢不成問題，爲了加強知識財，她著手建立公司「知識管理」的制度，並且加強員工的教育訓練。

以往公司忽略了team work的團隊精神，像德國子公司發明了新工具，其他地區的員工都不知道；自己多年來累積的know how，以及各地的know how都需要有系統地傳承下來，讓內部的知識可以互享，溝通也可以更密切。所以她推出了e-Focus網站，作爲公司知識管理的平台，將總公司和各地子公司的產品、財務報表、銷售成績、和趨勢分析全部上網，情報共享。

才實施三個月，就已經有所功效。最明顯的功用是提供一個產品討論的園地。以前都是在台北做產品定義，現在全球的資訊流通，集合各地的分析和意見，大家可以討論出最契合市場需求的產品，未來推出的新產品就更能得到消費者的認同。而且以往各地子公司各做各的趨勢分析，現在大家可以交流，最後的分析就不是地區性的而是全球性的，這樣公司比較容易設定一致的目標和執行的共識，台北和各子公司的發展策略也會一致。

公司要能成長，最重要的是所有員工都要一起成長。所以她也引進一個教育訓練的網站讓所有的員工使用，包括作業員在內的員工都可以利用公司的Internet進行e-learning，人事部門會擇期讓員工做學習心得的共享，一個月下來反應也相當不錯。

她時常對員工說，要經常檢視自己的工作能力，不要讓自己陷入花很多時間卻只能做有限事情的情況。慧友電子每年提撥12%盈餘分享給員工，她總是鼓勵員工要以自己也是老闆的心態，去經營工作，追求最高的成長，實踐公司以科技創新，創造出物美價廉的產品與服務，帶給人們更安全、更美滿人生的使命。

設立高標準，永不放棄

隨著無線通訊元件的開發日益成熟，今年曹慧明在慧友的產品規劃上，又有了「無線傳輸攝影機」的開發構想。這個產品的開發是她個人研究生涯的最大挑戰，她已迫不及待地想再試身手。屢創佳績的曹慧明認爲自己現在的成就只是小高潮，期待未來有更大的高潮，她給自己的新目標是做到台灣營業額及獲利第一的CCTV 業者。「要設立高標準，永遠不要放棄。」這是曹慧明在工作上最高的心訣，她也一直努力地實踐。

突破困境，逆風飛揚

名與利也會褪色，能在轉變時急流勇退也是需要智慧的

許美麗◆權威通訊總經理

成功特質

- ◆對產業嗅覺敏銳
- ◆逆境中展翅飛揚
- ◆用心經營信用
- ◆因應時事調適與轉變
- ◆認清創業不一定成功的心理準備

一九八六年德國漢諾威的電腦展會場上，一群提著○○七手提包忙著下單的老外熙來攘往，東方面孔、個子嬌小的許美麗在其中顯得很突出。這是台灣的電腦業者第一次躍上國際舞台，展示精心研發的成果。當時身為台灣十大資訊廠商之一的利政電腦董事長許美麗，也親自到細雪紛飛的異國參展。

現年五十歲的權威通訊公司總經理許美麗，在台灣的資訊業有一定的輩份，早期由國內電腦界的企業家所組成的「九陽會」中，她是唯一得以入會的女性，其他的會員包括當時的台灣慧智總經理林榮生、聯強國際總經理杜書伍、倚天資訊董事長黃杉榕等。在個人事業最鼎盛時期，她也擔任過台北市電腦公會的常務理事，跟現在的資訊界領袖如施振榮、侯清雄等平起平坐，更當選過全國傑出工商婦女。

她三十年來走過的青春歲月恰恰與台灣資訊業的消長曲線同步。從拷貝電玩主機板起家，在二十多歲就擁有了驚人財富。然後再到光華商場賣組裝的 IBM 相容電腦，創業設立了利政電腦公司，卻遭到 IBM 要求鉅額賠償，捲入國際專利權官司。之後拓展外銷市場，年營業額超過十億元。被喻為資訊業界的「資深美少女」一點都不為過。

充滿創業精神的許美麗也經歷過人生的大起大落，先是面臨婚變的打擊，又因爲電腦事業過度擴張而一夕跌落谷底。她結束二十多年的婚姻，也在「不積欠任何人一毛錢」的情況下，乾淨地結束一手創建的公司。但許美麗沒有因此被打倒，她重新站起來，投入新興的通訊業，創立權威通訊公司。所有的親朋好友，還有老客戶們一致支持著她勇敢前進。

對產業嗅覺敏銳

裁逢師的女兒，只有育達商職畢業，許美麗沒有傲人的家庭背景和學位。三十年前之所以會和資訊業結緣，是源於日本小蜜蜂電玩掀起台灣電玩業的風潮。從學校畢業後，剛與工程師郭李印結婚的許美麗，馬上就搭上熱潮，展開雙臂擁抱拷貝電玩主機版的豐厚利潤。

許美麗說，當時一片日本進口的主機板，要價二十萬新台幣，而拷貝一塊主機版成本只有五千元，轉賣出手就可賺進倍數的獲利。也因此讓夫妻倆在二十多歲就擁有了財富。

在那個智慧財產權觀念尚未成形的年代，電玩業的豐碩利益吸引一些具有工程師背景的人爭相投入，但也引來複雜的客戶層企圖分一杯羹，讓電玩業染上賭博式的金錢遊戲色彩。許美麗越來越不能面對日趨複雜的客戶，加上每次同學問起她的事業時，一聽到答案，同學們的臉上總會浮現出一種「報紙上寫說要掟的那種行業」的不屑表情。所以她當時就決定急流勇退，放棄這日進斗金的生意，用賺來的錢在光華商場買下店面，作起電子零件材料的小額買賣。

憑藉著對電腦產業的敏銳嗅覺，許美麗很快就看到組裝電腦的市場商機。她買了一台蘋果電腦，由先生拆解研究後，發現裡面的電子線路與相關零組件其實和電玩主機版相差無幾，當下就買進五十套電腦零組件，自行加以組裝。沒想到在兩天內，這五十部相容電腦就全賣完了！

逆境中展翅飛揚

組裝電腦做得順手後，夫妻兩人興起成立電腦公司的念頭而設立了利政電腦，當時推出中文小教授的宏碁電腦，也不過比利政電腦早一年成立。新公司的業務開始跨入中小企業的客層，許美麗努力衝刺業績，利政電腦公司所做的相容電腦產品逐步開拓出一番局面。但就在公司成立兩年後中秋節的那一天，許美麗收到律師信，國際電腦大廠 IBM 跨海要求鉅額的賠償，不准利政電腦賣未經授權的 IBM 相容電腦。

當年 IBM 以專利權壓境的舉動，是台灣剛起飛的資訊業所碰上的第一樁專利權的戰爭。「這場跨國商業官司沸沸揚揚佔據了報紙上的重要版面，以當時的生活水平，IBM 要求的五百萬元（台幣）賠償金是會壓垮剛開始茁壯的利政電腦。」許美麗回憶說。夫妻倆在家坐困愁城之際，當時的經濟部部長孫運璿基於政府正全力發展資訊業，主動出面斡旋，居中幫廠商們與 IBM 談妥授權金，讓利政電腦等中小型企業有一線生機，才逐漸走出電腦外銷市場。

利政電腦以外銷爲導向，來往廠商及客戶大多是跨國公司，許美麗爲了開拓市場，必須加強英文。她請英文家教，一字一句地學，後來與國外客戶交涉，就沒有溝通的障礙了。每年的海外參展行程，貴爲董事長的她，沒有一次缺席，卯足全力衝刺業績。一九八七年時，利政電腦營業額已超過十億元，正積極籌劃上市上櫃，事業的順遂一切都在許美麗的掌握中。

從來沒有想過自己能做到國際生意，原本只想守著光華商場的店面，做做收現金的小本生意，安份守己的過日子。但命運的幾番安排，徹頭徹尾地改變了許美麗。她就像是一隻蛻變後展翅飛揚的美麗蝴蝶，在當時全是男性當家的資訊業界，這位集美貌與智慧於一身，個性豪爽大方的女性董事長，可說是耀眼的星星。

但人生難完美，夫妻兩人走過患難與共的時期，在事業步上軌道之際，先生卻發生外遇，婚變給了許美麗一記重擊。

用心經營信用

儘管婚變一直困擾著許美麗的身心，但身爲董事長的她還是強打起精神，全心處理公司業務。一九九〇年代國內電腦廠商都以外銷市場爲主戰場，每次業者聚會討論時，總會聽到誰又在德國設分公司、哪家公司又在歐洲何處設廠等等，國外據點的多寡成了廠商間較勁之處。

利政電腦在這股氣氛中，過度擴張海外據點，造成成本控制失當，加上對全球運籌整合與管理的經驗不足，導致利政電腦從成長期掉入衰敗。

「名與利也會褪色，能在轉變時急流勇退也是需要智慧的。」許美麗這樣說。她選擇讓自己的公司倒閉，也不向任何親朋好友借錢。結束了一手創立的利政電腦，也結束了二十多年的婚姻。

因爲她努力地維護信用，沒有在財務上拖累任何人，當許美麗從挫折中爬起來時，所有的友人和以往的外銷客戶都全力相挺，給予她再次創業的精神和資金支援，讓她得以在通訊行業中重新出發。

因應時事調適與轉變

許美麗在六年前成了通訊業的新兵。在朋友的鼓勵與支持下，加上看好當時電信事業開放，行動通訊市場商機將燃起，她和友人合夥成立「權威通信」，投入通訊物流網路業。

轉入詭譎多變的通訊業，許美麗也面臨調適的問題。「從作外銷市場到內銷市場，所面對的客戶層眞的很不同。當時在拜訪通訊器材業者時，爲了店老闆熱情地遞上一顆檳榔，我卻猶疑該不該接受的尷尬場面，與從事陌生行業的壓力，讓我在回程的飛機上痛哭了一場。」許美麗談起剛踏入通訊業時的辛酸。

韌性強的許美麗，走出生命幾番重創，很快調整好自己的腳步。一九九八年，權威通信就在許美麗的努力下，在全省設立了五家分公司，加盟店更有八百多家，員工也從草創期的二十多人，擴充到一百多人。

權威通訊經營最好的時期，年營業額達到十億元。但近一年來，許美麗發覺這塊市場已幾近飽和。而且對大哥大業者來說，通路商的利用價值已降低，他們也自行轉向企業客戶的經營，給通路商的佣金發放還出現延後現象，因此許美麗去年開始思考公司的未來。爲了在時機不好時，能讓員工與公司保持戰力，她決定縮減公司規模，逐漸將業務再轉回她熟悉的電腦外銷生意。

她的業界好友精英電腦副董事長許明仁說，許美麗與過去的客戶都保持良好的互動關係，有些客戶跟她做生意，常常一做就是二十年，人脈的穩定與對電腦產業的熟悉度，他相信許美麗轉回電腦外銷市場，很快就會再走入事業的第二春。

認清創業不一定成功的心理準備

歷經多次的創業，許美麗以過來人的經驗指出，創業不一定會成功，這種心理準備對想創業的人來說是一定要有的，而且還要特別注意以下幾件事：

一、圓熟的人際關係會是創業很大的助力。

二、做事要積極。

三、做人處世應懷抱感恩的心情。

對於這點她感觸良多，她說，有人爲了創業不擇手段，不知不覺得罪很多人。像自己年輕時做人處世欠缺考量，對先生講話或和員工的互動有所失誤，但總認爲自己是對的，現在回想起來，如果當初是用不同的心情相待，今天應該會得到倍數的助力。

四、信用要用心經營。

以她自己的經驗來說，做生意一定會有缺頭寸的時候，跟親戚朋友周轉要適可而止。最壞的情況下，在做信用抉擇時，寧可自己的公司倒閉，也不要拖累其他人。因爲他們是你第二次爬起來時的精神和資金支持者。

特別是在轉換行業時，有幾項重要因素也要考量：

一、先問自己對新行業的企圖心及用心程度，是否有足夠的毅力可以克服困難。

二、評估新行業的產品和自己原先的專業距離是否很大？

三、拉下身段，這也是唯一的辦法。

她說，當你想要轉換不同的行業，而且想要成功時，要把「拉下身段」四個字永遠放在心裡。因爲到了不同的行業一定要請教人家，要與不同的客戶互動，像她自己要從面對國際客戶到吃檳榔的本地客戶，不僅要拉下身段，還要以一顆坦誠和柔軟的心來面對，才有可能轉業成功。

用三十年的青春歲月見證了台灣資訊業的起飛，到通訊業的蓬勃發展，已經五十歲的許美麗回首來時路，現在心情已是無風也無雨。如果說還有什麼重要的心願還未完成，那就是她希望對台灣環保與社會公益做更多的奉獻。

「過去忙碌於事業，無心感受路上綺麗的風景。現在年歲漸長，體會人生無常，反而讚嘆起大自然的偉大，這是任何力量都阻擋不住的奧妙。」往後的日子，她將致力當個播種者，不停地隨風灑出「服務」的種子，期待在潛移默化中，讓台灣的環境更加美麗。

奴僕式管理

處事公正，樂於助人成長是我最大的特色

童至祥◆IBM大中華區金融事業部營運總監

成功特質

◆只要有心，萬事亨通

◆與客户心手相連

◆學習擁抱改變

◆熱愛運動，氣度恢弘

◆以「服務」客户的觀點對待同事

「擁抱改變」讓童至祥由行政主管順利轉型為傑出的業務主管；儘管所學是外文，靠著不斷的自我學習，讓她在金融業e化的業務領域獲得了肯定，所率領的金融事業群每年業績幾乎都佔到台灣IBM公司業績的一半，可說是公司獲利的主要來源。

IBM大中華區金融事業部營運總監童至祥，不僅在工作上表現獲得認可，面對壓力大的業務工作，仍能藉著運動保有平衡的生活；而且不僅獨善其身，她也帶著同仁一起運動，還發起公司內部的「婦女成長團體」，為公司培養出更多的女性主管。

童至祥認為人最重要的是「存在的價值」，而她在IBM，也的確為公司、同事及客戶作出很大的貢獻，證明自己存在的價值。

只要有心，萬事亨通

二十年前，童至祥從台大外文系畢業後，在報紙求才廣告中看到IBM在徵人，當時雖然不知道IBM是做什麼的，但記憶中，學校的打字機好像就是IBM

的廠牌，朋友們也說IBM是家大公司，於是她想：「好吧！去應徵看看！」沒想到果眞錄取了。

就這樣，童至祥從台灣IBM的行政部門做起。幾年後，她升爲行政部門的小主管，帶領由四位同仁組成的團隊，負責「支援」和「通路」的工作，才兩年的時間，通路的業績就成長三倍，因此團隊也擴充爲九人。

從內部的行政工作轉到業務單位，是童至祥很大的轉捩點。她分析，IBM的核心是科技及服務，所以起初想轉作工程師，但內部一位主管認爲她的EQ很好，建議童至祥走業務的路線。童至祥想想，也認爲到最前線應該是很有挑戰性的工作。相信只要自己有心，沒有什麼事是做不到的。

與客戶心手相連

一九八八年十二月，童至祥由行政部門轉到業務單位，從金融事業群的業務代表做起，第一個接的案子就是華南銀行電腦自動化的業務，剛開始拓展業務時，碰到許多軟釘子，但這個案子也是讓她最有成就感的。

一九九〇年時，台灣的銀行設有ATM（自動提款機）的據點還很少，而華南銀行在導入ATM業務起步卻很早，因此，童至祥建議華銀在市場競爭上應該強調這項優勢，她找了IBM的資訊技術人員為華銀設計「ATM網路監控管理系統」，當ATM提款功能發生故障或現金不足時，銀行MIS部門的自動警示燈就會顯示，以便後勤人員可迅速支援。之後，又為華銀設計了「分行客戶管理系統」及「資產負債管理系統」，這兩項資訊管理系統在當時國內金融界都是創舉，也讓她頗引以為傲。

經過不斷的耕耘，華銀現在已把童至祥視為大家庭的一份子，這是經營客戶上的最大成就感。

一九九五到一九九六年間，童至祥為上海商業銀行引進IBM在日本所作的存、放款核心銀行系統平台，此案成功後，多家銀行紛紛跟進，包括中央信託局、中華開發、板信商銀等都陸續成為這個平台系統的用戶，也為台灣IBM創造了可觀的業績。

學習擁抱改變

童至祥對IBM的最大貢獻，就是在她的帶領下，金融事業群每年業績都佔公司的50%。從行政轉到業務部門後的傑出表現，讓她的自信心增強很多，因此，當自己再轉到以產品為主的新工作領域時就更順利了。所以她建議年輕人，不要怕改變，要學習「擁抱改變」。當你第一次突破後，下一次遇到改變時就習以為常了。

其次是要認識自己，知道自己的長處，知道自己想要什麼。她常提醒自己要open mind（心胸寬大），才能眞實地「接觸自己」。她認為，別人願不願意跟你說你的缺點，跟你自己願不願意聽很有關係。當別人跟你說你不好的地方，你會覺得痛、生氣或傷心時，就要自己深入去想，這到底是不是我的弱點，像照鏡子一樣，當你願意去面對，就可以改變。

再來要記得持續學習成長。她自己平時都會抽出一些時間來自我學習。尤其她是學外文出身的，但轉到電腦的工作領域，就要靠自我的學習成長。配合工作和自我需求，她目前專注閱讀四類書籍：第一類是金融方面的書，因為這是工作上必備的專業知識。這方面她也可以從 IBM 內部的企業網路中得到很多全球最新的金融趨勢以及銀行經營實例。第二類是領導方面的書。這是她的最愛，家中有一半的書都是這方面的。而且看了之後，她會要求自己要實踐。第三類是自我管理的書，這是因爲人一定要了解自己。最後一類是電子商務，她在幾年前，就了解 e-commerce 是未來的趨勢。

另外童至祥以目前開拓大陸市場的經驗，特別提醒年輕人，未來要在國際上競爭，除了國際觀之外，英文一定要好。她說，台灣人的商業頭腦是我們的競爭優勢，但說到英文程度，大陸人才還是比較強，這是我們年輕人應該加強的地方。

熱愛運動，氣度恢弘

在行政部門時，童至祥的老公就戲稱她帶人像在帶救國團的活動。除了每天中午都會和數位同仁共進午餐外，週末假日也會和同事及家人大夥一起在戶外打羽毛球，因爲感情融洽，工作上大家也都很團結。她一直還很懷念那段時光。

一九八八年十二月，童至祥由行政部門轉到業務單位擔任主管，仍然十分重視「健康」的體魄，平時除了鼓勵員工達成公司交代的目標外，每週五下午就帶著業務部的同仁到體育場跑步，運動之後，就直接下班，讓大家有一個平衡的生活。

在同事眼中，童至祥很照顧員工，總是花很多時間和部屬相處。

前任 IBM 大中華區公共事務負責人黃慧敏說，童至祥的氣度很恢弘，這是她所接觸過的女性中很少見的特質。這項優點也許和她熱愛運動的特質有關。IBM 人力資源部王之朋也說，童至祥很能跑，長跑、短跑都會跑。

童至祥笑說，熱愛運動的習慣得之於父親的遺傳。她父親當年是湖南師範學院的才子，文學造詣好，運動細胞也很棒。她這一生得之於父親的影響很大。即使現在當上總經理，她還是習慣先在健身中心運動後再進辦公室。

不過因爲工作屬性不同，她在業務部門訓練部屬方式，迥異於在行政單位的作法。每週一她會帶領同仁們一起開讀書會，希望屬下個個都是允文允武的戰將。而且因材施教，對工作績效的要求也很高。

她也曾遇過管理上的難題，最困擾的地方，就是發布一個目標時，部分同仁會出現「方向不一」的現象，那時她就必須花費相當多的心思，和部屬溝通協調。

曾與童至祥共事近五年的李謙涵說，她的領導特質是很能帶動氣氛，讓旗下每個人都有朝氣，而且有信心完成工作目標。她待人誠懇、理性、公正、公開、有話直講，但相當有愛心及耐心。強調雙贏，而不崇尚「一將功成萬骨枯」的領導風格。

工作、運動之外，童至祥在 IBM 內部的社團活動中相當活躍。一九九七年十二月她更創辦了台灣 IBM「女性成長團體」，並且串連大陸、香港等地的資源，在北京召開大中華地區的婦女大會，討論兩岸三地 IBM 的女性員工，如何各自分工，充分發展女性的潛能，進而建立女性在職場上的人脈網絡及自信心。這項婦女大會一直到現在還繼續舉行。

往年台灣 IBM 十多位高階主管中，只有童至祥一位女性，但在推動女性成長團體的活動後，成效很明顯，目前二十三位高階主管中，即有九位是女性。童至祥說，女性的潛能很強，唯一缺乏的就是自信心，所以除了每年的婦女大會外，她也在公司內部成立讀書會，並建立導師制度，充分實踐女性成長團體的成立宗旨。

因爲對同事的付出，相對地也得到很多回報。在IBM二十年的生涯中，最讓她留戀的就是人際間的溫暖和融洽，這是她捨不得離開IBM的主要原因。

不過童至祥也曾因爲工作的調動，難以兼顧家庭生活而有所徬徨。去年，當她接下大中華區RS/6000及公眾事業群的業務後常出差，必須日本、台灣不停地飛，生活步調變得混亂，也和家人聚少離多。

小兒子常對她說：「媽，我不喜歡您常出差，我會擔心您。」聽到兒子把她不在身邊的「不安全感」，用「擔心」的字眼來形容，讓她眼淚都快掉出來了。

雖然難捨稚子，但IBM良好的成長環境也令人難以放棄，以致一度在事業及家庭的抉擇中徘徊！幸好後來公司指派她出任金融事業群總經理，專職台灣地區的業務，才暫時解決她徬徨的難題。

以「服務」客戶的觀點對待同事

童至祥做事專注，個性好強而且執著。同事誇她人際關係好，可是她認爲，自己並沒有在公司用心經營人際關係，她只是以對客戶「服務」的觀點對待同事，這就是servant leadership「奴僕式管理」。她追求的是「存在的價值」，希望自己的存在能爲團隊及公司創造價值。

目前童至祥負責大中華區的金融事業部，新的任務是開發大陸金融機構的市場。對於剛起步，也是相當有潛力的這塊新市場，她計畫盡快熟悉當地市場，再把台灣的經驗帶去大陸服務客戶。相信以她一貫「服務客戶就是要讓客戶感受到IBM的價值，協助客戶增加競爭力。」的理念，必能再創傲人的成績。

用自己的性格去做事

我後悔的時間從不超過一秒鐘

黃寶雲◆太極影音科技董事長

成功特質

◆將影響力無限擴大

◆強調技術研發及團隊合作

◆重視人才培養

◆最怕員工賺不到錢

◆在工作中學習

二〇〇〇年的金馬獎盛會中，黃寶雲端坐在入圍者席次中，因爲她所領導的太極影音科技，以突出、奇幻的視覺特效替當年賣座的布袋戲「聖石傳說」妝點出不同凡響的氣勢，與享譽國際的「臥虎藏龍」同時入圍視覺特效獎。這對黃寶雲來說，是項很大的鼓舞，因爲誰也不會想到，十年前一個面臨財務危機的科技公司，在黃寶雲從房東變成經營者的轉折下，開啓了太極影音科技峰迴路轉的新局。

坐在太極影音科技有小巨蛋之稱的試片室中，看著一部部的廣告片播出，從seednet的電腦出走記到荷蘭銀行信用卡融合了梵谷畫作虛實背景交替的視覺效果，在在顯現太極影音科技在3D影音特效上令人讚嘆的功力。特別是去年最受矚目的一項製作，是與中視當家主播沈春華對話的虛擬主播Max，他一轉眼、一投足儼然如同眞人般的活靈活現。即使已陪同數不清的名人或業界人士觀看過這段傲人技術的成果，黃寶雲始終興趣盎然。

信奉「要在藝術的背後，運用科技讓閱聽者可以用耳朵、眼睛去感受更多采多姿的視覺美景」的宗旨，黃寶雲以成爲3D content provider（3D內容提供者）自許，充分整合藝術及科技人才的專長，帶領太極影音科技走進最炫爛的新媒體世界。

將影響力無限擴大

從小生長在鄉下的黃寶雲，早期是在教育部上班的公職人員，重視教育的她對雙胞胎兒子的課外讀物選擇幾近苛求。二十多年前台灣的兒童讀物很貧乏，這困擾著一心想幫小孩找好書的她。爲了讓雙胞胎兒子有好書可讀，當時與先生兩人就常跑國外看書展。生性向來不藏私，樂於與好朋友分享的黃寶雲心裡想，書帶回來後只給家中小朋友看的話，只能影響兩個人，如果將好書出版，可以影響的將是二的無限倍數。

決定了就不後悔地往前走，黃寶雲毅然離開公職，與先生兩人共創鹿橋文化事業，二十多年來，所出版的優良兒童讀物，是台灣很多孩童小時候床前放的文學啓蒙書。「我懂content，也能掌握它，這是鹿橋文化在兒童讀物市場屹立不搖的原因。」

兒童讀物做得好好的，爲什麼要在十年前多媒體產業還乏善可陳時，就以外行人的身分跳進來？而且還是接下一家面臨財務困難的影音公司。

說來傳奇，十年前，一家有意創業的影音製作公司向她租房子開始，冥冥之中就埋下了讓她從平面出版轉到影音出版的種子。當這家公司出現財務困難時，黃寶雲評估公司狀況後，認為人才難得，決定接手經營。

「房東成了董事長」！一手接起不熟悉的事業，儘管當初被員工譏諷為「外行領導內行」，黃寶雲仍然展現出她的膽識，除了自己到美國、英國、日本、香港等地跑了一圈，拜訪四十多家影音特效後製作公司請益外，並逐步加碼添購設備，提昇整體的技術水平。

強調技術研發及團隊合作

有一次，為了讓公司的技術可以跨進新的領域，她必須投資買一套全台灣都沒有的特效合成機器，董事會沒信心，反而是先生支持她，拿出三千萬元讓她去買新設備。可是按訂單排，外國廠商告訴她，她排在第八十五個，要等很久才領得到貨，但公司不可能等。這時她瞥見這家外國廠商掛在牆上的商業地圖，台灣的地方還沒有插上旗子，她靈機一動，向廠商說：「如果你先發貨給我，我就可以幫你去打台灣市場，讓你在一個新的版圖上插上旗子。」這句話說動了廠商，同意下一部機器就先給她，而且等待新設備的空檔還借給她一部功能相同，只是速度較慢的舊機器。

靠著這部舊機器，一天二十四小時不停地使用，四個月黃寶雲就回本了。後來借用期限到了，她想順便買下舊機器，但沒錢買，廠商竟然也寬貸她半年後再付款。

只花了一年的時間，公司的財務就損益兩平了。但公司一上軌道，卻得立即面對外界挖角導致人才可能大量流失的壓力。外型溫婉優雅的黃寶雲，面對這人和的大危機，卻下了一步最險的棋！

面對公司這場因人才流失，可能再度關門的危機，黃寶雲以一番最誠懇的話語化解。她開誠佈公面對這些同仁，明白地告訴他們，如果大家這樣走了，大不了公司結束掉，但是她不只是資方，而且是跟大家一樣爲公司打拼的人，如果大家願意留下來一起打拼，太極的未來是廣闊的，一定可以走出一片自己的新天地。

「她的誠懇，讓人願意相信她。」太極影音科技第一代的資深同仁這麼說。人才流失危機解除後，太極影音往後的每一步都更踏實精進，重視技術研發及團隊合作，對於肯努力學習的人才，黃寶雲也不惜重資讓他們到國外進修，並多方引進國際人才交流，促進技術升級。

今日的黃寶雲已經可以笑談當年這段攸關公司生死的曲折。風雨過後，這十年來太極影音在業界的實力，就如同資策會一位資深軟體業主管所說的，像是「聖石傳說」的戲劇張力般地霹靂。

最怕員工賺不到錢

黃寶雲說，這一生影響她最大的是她在公職生涯中跟隨十多年的魏先生。他的待人處世以及管理的風格是她日後自行創業時所學習的對象。

她說，魏先生正直、勤勞、節儉，而且公私分明。早期在當醫學院院長時，要和太太一起出席宴會，太太一定自己搭公車到學校來和他會合，不會使用公務車。

有同仁向他抱怨或是告狀時，他會不著痕跡地找當事人來談，再小心地處理，因爲他認爲：「手上握有權力可以掌握別人的前途時，做事更要謹慎。」黃寶雲說，她自己當了主管之後，就記得做事要細膩，多觀察員工，不要輕率處理員工的爭端。

她愛護員工的態度也是受到魏先生的影響，她說，魏院長從不開除人，如果有人表現不好，他認爲只是因爲把他放在不適當的位子上，調度一下，就可發揮他的專長了。

黃寶雲是個很熱情的人，容易開心，容易滿足，常常眞情流露。但這也有缺點，就是員工犯錯時，她會很生氣。剛開始當老闆時，看到管理的書籍都是教管理者要冷靜做事，她就向老公說，自己好像不適任。先生卻鼓勵她用自己的性格去做事。

她很少應酬，大部分時間都和員工在一起，共同克服困難，共同成長。她最大的壓力是怕員工賺不到錢。因爲當初大家一起留下來打拼，她答應員工的事一定要做到。所以她把員工的利益擺在自己的前面，關心他們是否賺得到錢，是否學到東西。她說，帶領團隊要有無我的心境，照顧好員工就會照顧到自己。

她很體貼，了解客戶的需求，也很會爲員工著想。爲了不讓員工老是在處在狹小或陰暗的空間內製片，公司的公共空間不僅寬敞、明亮而且有綠意。她說，給員工「養眼」的環境，也是爲了養成員工觀察美的習慣，因爲這個產業不是在工作時才談創意和美感的，而是在生活中就要觀察各種美的事物。

黃寶雲做事是以秒計算，所以後悔只有一秒鐘的時間。後悔之後，馬上就要想到錯在哪裡，以後不要再犯同樣的錯了。容易開心的她，只要每天都學到東西，她就會感到滿足了。

重視人才培養

「做這一行，除了要有花錢的膽識外，還有就是人才的培養，和專業知識，這些就是太極能崛起於影音特效及3D動畫產業的優勢。」黃寶雲說，工欲善其事，必先利其器。太極影音科技在硬體的投資上，包括兩部SGI Onyx 2超級電腦，及其他動輒百萬元的監視器和特效設備，估計硬體投資超過數億元。

擁有博士學位的楊宗哲是太極影音科技研發部的資深工程師，他說：「董事長除了在商業經營上有過人的直覺外，尤其是具有堅強的毅力與決心，才能實現一般人認爲不可能達成的事。」像是小巨蛋試片室的建造，便具有專業級的音場效果和時麾的造型設計，這是在有限的預算下，爲了提升公司的製作水準所折衷出來的最佳平衡點，也是黃寶雲的堅持。

她還重金聘請好萊塢的3D視覺特效師來台，爲公司工作也協助訓練員工，不管是設備或技術上都急起直追，希望達到國際水平。

這個產業最需要創新，所以大家要不斷學習、成長，還要彼此合作。她自己就不斷學習中，目前是政大EMBA的學生，儘管是班上年紀最大的學生，她還是樂在學習，把她覺得課堂上最有意思的「合作學習」方式運用到公司內。她說，同組的同學一起作功課時，英文好的人負責外文書的導讀，她則貢獻自己的實務經驗，大家以專長來分工，共同完成作業。就像一部片子的創作過程中，大家要來共同架構一片森林、一幕場景，就要懂得彼此溝通、合作。

在工作中學習

由於製作聖石傳說的電影製作技術水準得到肯定，替太極影音科技鋪好問鼎國際電影製作的大道。二〇〇二年中，太極已接下兩部國際電影的特效製作，包括拍攝時的後期製作指導。而今年年初爲迪士尼製作的影片，則在三月份立刻傳來佳音，已獲入圍艾美獎Outstanding Children's Animated Program獎項。自信對content掌握相當敏銳的黃寶雲並不自滿於過去只做OEM（專業代工）的角色，現正積極佈局於content產業中扮演重要角色的創意製作部分。

現在太極影音在製作廣告片上的比例已降到三成，黃寶雲的目標是做到亞洲最大的3D產品製作者，包括遊戲產品、電影、兒童節目和知識性產品。她說，當她離開公家單位時，想作出版就是做內容（content），她很了解有版權以及有永久價值的內容最值錢。她三十多歲出來創業不是只要賺加工的勞力錢，而是要做影音內容，現在時機終於成熟了。

坐在一眼就可以收攬壯麗河景的大辦公室中，儘管已有五十多歲，但黃寶雲臉上卻映著青春的氣息，似乎歲月未曾在她身上停駐腳步，她笑說大概是以前跟弟弟輩的一起工作，而現在太極影音科技同仁的年齡幾乎都在三十歲以下，像是兒子般的，無形中她也被感染得年輕了。

從出版兒童讀物，到外行領導內行闖出台灣特效影音的新產業，對黃寶雲來說，創業生涯猶如一齣齣刀光劍影虛實變幻的商戰，但唯一不變的信念就是這些工作都是帶給人類藝術與文化的饗宴，她在工作中學習，也從中享受到學習的樂趣！

能屈能伸獨立自主

用心於通訊技術創新，讓人類溝通沒有距離

葉素菲◆博達科技董事長

成功特質

◆在困境中找生機
◆找對市場利基
◆屢敗屢戰
◆果斷、堅持、冒險
◆朝事業方向循序漸進
◆用心加上努力

在台灣高科技業許許多多的創業故事裡，葉素菲很亮眼，也很特殊。她，非技術出身，沒有雄厚的資金，只作過兩年事，三十二歲開始白手起家，靠的是她獨到的市場眼光和策略，以及跟在身邊多年的《矽谷女傑》創業寶典。

博達科技董事長葉素菲在很年輕的時候，就確定了自己從商的志向。七年前產業混沌不明的時刻，她爲公司找到跨足通訊領域的新契機，發展砷化鎵的新材料。增資時還曾遭創投業者拒絕，認爲博達沒有能力發展這麼先進的技術。但葉素菲還是做出了台灣第一片砷化鎵微波磊晶片。博達在一九九九年底上市後，股價急速狂飆，對每天工作十六個小時的葉素菲而言，成功絕非僥倖。

《矽谷女傑》書中曾描述女主角在公司上市後，隨即到歐洲各地針對投資銀行、分析師及基金管理人舉辦法人說明會。多年來仿效書中情節按表操課的葉素菲，也從二〇〇〇年一月二十四日開始，馬不停蹄地前往新加坡、香港等地，對外資舉辦法人說明會（road show），介紹公司在砷化鎵微波磊晶片的發展願景。果然，葉素菲引起了外資的注意，使其大力加碼博達，公司股價大幅揚升至每股三百多元。

看著自己一手帶大的公司如日中天，葉素菲一則以喜，一則感慨萬千。因爲外人看到的是公司亮麗光彩的一面，哪知一九九六年她爲了找資金卻求救無門的辛酸！

在困境中找生機

博達成立於一九九一年三月，初期以貿易商型態經營電子零件出口業務。公司剛成立的前幾年，財務實力不強，大半時間葉素菲都陷在夾縫中求生存的窘境。當公司營運周轉困難時，曾逼到退役軍人的父親都要拿出僅有的房子去抵押借款，來幫助她渡過難關。

公司熬到一九九五年，葉素菲觀察整個大環境的發展，體認到公司必須尋求突破，否則僅在舊有的ＰＣ產業窠臼打轉，很難有更大的成長。

爲了衝破瓶頸，主修法文和經濟的葉素菲大量研讀國內外科技新知，經過分析後，她深刻感受到無線通訊的世紀應該來到了，通訊產業很有可能取代ＰＣ產業。再加上看到一九九五到一九九六年間，美國本土已有多家通訊公司開始獲利，更加深了她跨足通訊領域的決心。

找對市場利基

雖然葉素菲已體會到通訊產業未來很有潛力，但台灣產業環境的特性及博達的實力，應如何在通訊領域中定位？這個問題她思考了很久。在了解國外現況後，她認爲無線通訊產業中游的ＩＣ設計已爲先進國家大廠所掌握，台灣切入只有事倍功半，因此她不考慮；至於下游組裝業，大陸等其他發展中國家的廉價勞工也可取代，博達獲利的機會並不大；相對地，上游的材料元件市場技術障礙雖高，卻是發展通訊產品的關鍵。因此葉素菲決定從上游切入市場。

葉素菲分析，要掌握市場先機，博達必須取得「砷化鎵微波磊晶片」的技術。砷化鎵是一種化合物半導體。傳統電腦ＩＣ元件以矽作爲半導體，但在無線微波和寬頻通訊的應用中，以矽做成ＩＣ元件功率較低、傳輸速度較慢、耗電較大，因而砷化鎵ＩＣ的需求愈來愈高。而砷化鎵微波磊晶片則是生產砷化鎵ＩＣ的晶圓材料。這種新材料的應用範圍，除了個人無線通訊、衛星通訊、衛星電視及光纖通訊外，還包括汽車導航、防撞系統等產業。

但在一九九五年時，國內電信業尚未自由化，台灣無線微波通訊的技術仍握在軍方手裡，因此，葉素菲透過市場上著名的專業顧問，找到了服務於中山科學院的博士彭進坤。彭進坤在美國伊利諾大學專攻微波元件材料，取得材料工程博士後返台。在他加入博達技術團隊後，葉素菲逐步落實擘劃中的砷化鎵美夢。

屢敗屢戰

不過跨入砷化鎵領域後，初期的發展並不順遂。葉素菲最難忘當年爲籌募砷化鎵建廠資金時的痛苦。一九九六年四到五月份的增資計畫，卻碰上中共飛彈演習，台海危機爆發，台股大跌，資金大量外流。增資困難度大增，而北部的創投業者評估博達的投資案後，都認爲砷化鎵的技術門檻太高，不相信台灣有實力做得出來。

正當葉素菲一籌莫展時，幾位熟識的市場投資專家建議她，試著到中南部向傳統產業尋找資金。因此葉素菲與彭進坤每週固定南下，由她負責介紹公司的經營策略，彭進坤則負責介紹砷化鎵技術。但連著幾場投資簡介說明會，資金募不到不打緊，偶而還會被對方羞辱。每當夜闌人靜憶及以往，常常忍不住痛哭流涕。

所幸皇天不負苦心人，最後終於有部分業者被兩人的熱忱感動，慷慨資助，使得原本失敗的增資案起死回生，博達才能順利產出台灣第一片微波磊晶片，奠定了公司成功的基礎。

除了確定公司經營主軸是博達浴火重生的重要轉捩點之外，葉素菲在一九九七年四月因緣際會認識日本三菱商社的高階經理人Komiya，更讓自己的事業攀上巔峰。

Komiya與葉素菲接觸後，相當認同博達經營階層的管理風格，所以運用他在三菱的影響力入股博達，並且引進其他日本三家公司的資金。也因爲Komiya這位貴人，後來日本住友商社更和博達合作，成立轉投資事業「尙達積體電路公司」，使得集團能往更高階的技術領域邁進。

果斷、堅持、冒險

許多人都想創業，但即使擁有技術，也不見得就能成功。博達的主管指出，葉素菲的成功主要有三項人格特質：「果斷、堅持和冒險」。葉素菲自己也說，如果你的動作慢，就走不到別人的前面。看到了市場，不果斷去做也沒有用。而且創業不是一兩天的事，必須堅持不退縮。

她認爲，留學歐洲五年期間，半工半讀的獨立生活，對於堅強毅力的養成很有幫助。她在比利時魯汶大學的學長吳治香說，葉素菲從學生時代起，做事就很認眞、很執著、很拚。再加上後來她與日商業務往來的經驗，更養成她行事作風一絲不苟的習慣。

曾是著名會計師的博達總經理謝世芳說，最佩服葉素菲的市場敏銳度，她在擬訂產品和轉投資策略上很有獨到之處。本身雖非理工背景，但她的專長可以和技術專才作互補，依市場的商業需求訂定公司發展的目標，不會只爲技術升級而片面的做。

由台灣 IBM 轉戰到博達，曾擔任個人電腦事業處的總經理許偉德，當初即是被葉素菲旺盛的企圖心所說服。他最欣賞葉素菲的創業家風範。在八年前，國內還很少人看到寬頻通訊、光纖的市場潛力時，她卻能以社會科學的背景，掌握對通訊產業發展的靈敏度，前瞻性的眼光是她成功的關鍵。

朝事業方向循序漸進

葉素菲認爲自己最幸運之處，是當她很年輕時，就能明確找到自己從商的志向。但創業是從零開始，過程中必然要經歷許多艱辛。博達成立已滿十年，她說，公司前六年是摸索期，後四年才算上軌道。這也許和自己留學回國後，只上班兩年就自行創業有關。

因爲在業界的時間很短，人際關係很少，而且長期在國外唸書，同行的人脈也少。能在事業上學習的對象不多。所以回想起自己的創業歷程，葉素菲自己都說不知道是對還是錯。她現在認爲應該是準備好再去做，但因爲天生的冒險個性，所以當初就這樣去創業了。因爲都是自己摸索出來的，所以判斷事情會比被別人訓練出來的人果決，她說：「這是因爲要求生存。」

每個創業者面對的情況不同，有的人有技術，如果又是主流技術，就很容易取得創投資金。像葉素菲這樣沒有技術背景的人，要從科技大海裡找到自己的事業方向，要有一定的步驟，依短中長期的作法來做。

葉素菲的建議是：

一、具備投資的眼光。

要有眼光選擇對的行業。跟著別人走，看到別人賺錢再跳進去，往往都賺不到錢了。但要走在人家前面，就必須長期觀察市場的趨勢；而且走在人家的前面早三年就好。如果走得太前面，資金可能無法支持到市場成熟時，所以三年的等待期是比較合理的。

二、資金的選擇，找到你想要的股東，而不是要你的股東。

資金的籌措要靠說服力和完整的營業規畫。而且不是每一個人的錢都可以要的。如果都是小額的投資人，當景氣不好時，他們就會抽腿。她認爲，股東結構是應該找到你要的股東，而不是要你的股東。像博達成立時就有刻意選股東。股東成份很重要，而且股東對公司是正面或是負面效果，要一段時間才能看得出來。有些股東不畏不景氣，會是你長期的夥伴，有的股東還可以爲公司帶來策略上的貢獻。

三、定位要清楚。

這也是最難的。她說：「小蝦米要成功，要走到沒有大魚的地方，才有機會把自己養大。」博達在投入通訊業之前，靠的是市場，沒有資金能力，只能從大餅中分到小餅吃。後來她找到一條走在人家前面的路，才可以從容地成長，然後順著這條路一直走下去，不斷地發展成集團。

四、以誠懇的心凝聚對內和對外的向心力。

經營事業是一條漫長的路。她提醒創業者，「人和」包括外部和內部，要記得不斷和股東維持互動，也要取得內部員工的認同。不是科技背景出身的領導人，就要有其他特殊的專長可以讓科技員工認同。但儘管她以策略取勝，並且有管理的專才，也會要求自己吸取科技知識，縮短和科技人的距離。如果公司內部有一致的目標，設定目標後，將流程釐清，再按步就班地完成，公司就會上軌道了。

用心加上努力

葉素菲自從三十二歲創業後，每天工作十六個小時，沒有太多的私人生活，生命幾乎已與博達成為共同體。現在公司已具規模，工作之外，她也開始學習著過休閒生活。因爲博達的快速成長，這兩年新創了很多公司，葉素菲說，初期還是要將新公司帶起來，等到一兩年後，她應該就可以授權，把身上的擔子卸下來。

對於集團的形成，要把博達原有的基礎放到新公司去。新公司只是技術和母公司不同，原有母公司的精神、理念和文化都要傳承到新公司。集團的精神是「讓人類的溝通沒有距離」，循著這條路，發展全面性的通訊產品。

葉素菲的生涯規劃，是計畫在五十歲前好好衝刺，培養公司一級主管獨當一面的能力。由於自己是女性，深知女性的穩定性高及耐力強的優勢潛力，因此在培訓專業經理人方面，她會在財務及管理部門保留更多的女性名額，使公司的女性員工獲得更多的成長機會。五十歲之後，她希望退居幕後，成立創投顧問公司，當位專業顧問。

事業得意，擁有龐大的資產；婚姻美滿，再尋到人生的第二春，葉素菲已攀上人生的高峰，但她仍然早起晚歸、兢兢業業地工作。這份用心和努力，除了要善盡照顧員工的社會責任外，或許和她最喜歡的《矽谷女傑》主角一樣：「不論是實現遠景、達成任務、或組織團隊，我就是爲此而生！」。

掌握關鍵時刻

昨日的成功並不會保證明天的成功，唯有不斷地努力突破新局，掌握每一個關鍵時刻，作出正確的決策，才能面對更劇烈的競爭環境

蔣清明◆必翔實業總經理

成功特質

- ◆作風踏實具前瞻性
- ◆把錢用在刀口上
- ◆堅持一本帳簿，清楚作事
- ◆講誠信，重承諾
- ◆確立國際化目標
- ◆嚴守品質第一

位於新竹縣新豐鄉偏僻的農地中，「必翔實業」的廠辦大樓醒目地矗立著。國內首家以生技醫療類股掛牌上市的公司是在這樣貧脊的地方獨自成長茁壯。和它一上市股價就衝上百元的身價似乎很不相配。

曾經以「伍氏搬運車」的發明榮獲十大傑出青年獎的伍必翔，在十九年前，以必翔實業展開第二次創業，他告訴妻子蔣清明：「我們是背水一戰，沒有退路。」蔣清明牢牢記住這句話，守著十五坪大的工地組合屋和三百坪的鋼架廠房，爲一頭栽進電動車研發的先生，打理起公司的一切事務。

十多年來，夫妻胼手胝足，相依爲命，從一度發不出員工薪水到去年必翔的電動代步車拿下全世界12%的市場佔有率。總經理蔣清明也因此獲得「中小企業傑出專業經理人獎」。一路走來，從沒有請過一天假，即使發燒到四十度也要到公司的蔣清明總算苦盡甘來。

作風踏實具前瞻性

一家中小企業，能以「SHOPRIDER」自有品牌橫掃歐美和日本市場，每位員工的產值去年超出一千萬元，比當紅的ＩＣ設計公司還高，蔣清明踏實且前瞻的作事風格，功不可沒。她以「傳統產業中的台積電」自許，未來的目標是朝向全世界第一大的市場佔有率邁進。

七〇年代，伍必翔第一次創業時，所設計的農用機械深受農民歡迎，常常客戶得拿著現金排隊下訂單，而且三個月以後才交貨。但好景不常，因爲太相信別人，「伍氏企業」一夕之間，竟遭到股權被移轉的惡運，這段挫敗讓伍必翔消沉了好長一段時間。

爲了鼓勵擁有發明天份的先生東山再起，蔣清明扮演了資金籌措的角色，向各方募集了三百萬元，從新竹市區搬到當時窮鄉僻壤的新豐鄉，成立了必翔實業，開始第二次的創業。

蔣清明跟著先生伍必翔住在像是工地屋的簡陋辦公室中，小小的屋子堆滿先生的研究資料，連路都不能走；用石棉瓦搭蓋的廠房，四米的農地道路，沒有鋪柏油；先生忙著作實驗，研發醫療用的電動車，研究之外的事，包括員工管理和經銷商的聯繫都由蔣清明負責，兩人平均每天工作十五個小時。

有一天晚上已經十二點多了，外面下著大雨，已經入睡的蔣清明被先生叫醒，伍必翔很興奮地對妻子說：「我想到了，新竹古奇峰有一排遊客的椅子，可以放在小電動車上使用，這樣我們就不用花錢開模具了，我們快去找那個椅子，看看上面有沒有廠商的電話。」兩人開了差不多四十分鐘的車，穿著雨衣，撐著傘，拿著手電筒，摸黑找椅子，蔣清明說：「如果有人看到，可能還以爲我們是小偷。」

把錢用在刀口上

把錢用在刀口上，是必翔由小壯大的經營方式，公司研發的腳步領先同業超過五年，毛利率也高，但開發模具的成本始終只有同業的三分之一到五分之一，這也是公司能獲利的原因之一。

「當時朋友跟我打賭，如果我能在新豐鄉下住上三個月，他們會爬來見我！」蔣清明笑談當年的辛苦，在朋友一片不看好聲中，她用毅力撐下去！曾經有很多次想要放棄，先生總是對她說：「妳怎麼這麼容易就被打敗了！」有一次，她眞的很想搬回新竹市區的家，先生堅持不走，蔣清明也只好陪先生一起「犧牲」了。

公司先期的收入還是以生產農用搬運車來度小月。蔣清明說，當時每天一睜眼，因爲營業收入不足支付十名員工的薪資，加上電動代步車的想法還在伍必翔的腦海中打轉，她的壓力之大，筆墨難以形容。

花了近兩年的時間，伍必翔終於完成全世界第一台「四輪型電動代步車」，在一九八九年拿到美國和歐盟二十餘國的發明專利，並且以「SHOPRIDER」作爲商標，參加了亞特蘭大的國際醫療器材展，出乎意料地造成轟動。但是爲了全盤掌握市場，並做好萬全的準備，伍必翔再回到研究室去，一直到三年後才開始報價。

一開始他們就選擇歐洲市場報價，因爲不少取巧的廠商都是把樣品做得很好，但眞正交貨的商品卻偷工減料。必翔實業有研發人員的精神，交貨的商品比樣品好，而且第一年都不加價，讓一向要求品質的歐洲廠商既訝異又感謝。

堅持一本帳簿，清楚作事

夫妻兩人分工，董事長伍必翔掌握了研發與行銷部門，總經理蔣清明則著手公司財務與行政管理。讀中興大學地政科系的蔣清明不懂會計，所以當第一天接手財務記帳時，一個人跑去書店買帳簿，才赫然發現原來帳簿分這麼多類別。一個人站在書櫃前好半天，最後買了一本筆記本，回家告訴先生，她要讓必翔實業從開始的第一天就只有一本清清楚楚的帳本，不會像其他的中小企業般，有著兩本或是三本帳冊。

因此她遠從台北請來一位財務顧問，在兩年間有條不紊地教會蔣清明與會計小姐如何做正規的帳本。財務顧問的薪水對照其他的員工來說，可說是天價，但制度化是蔣清明的目標。十六年來，必翔實業真的只有一套帳，而且年年經過國稅局檢核，毫無差錯。

必翔在上市掛牌前，有一次蔣清明參加中小企業處舉辦的財務管理課程，授課的賴春田所長一開頭就說企業流行四、五本帳冊。當場聞言她就舉起手抗議，大聲說必翔只有一本帳，還引來賴所長不敢置信的眼光，決定翌日就到必翔看看。就在賴春田親眼證實必翔乾乾淨淨的帳簿後，就欣然同意幫公司作會計簽證。

同樣在用人上，她也講求制度。公司除了董事長和總經理兩人之外，沒有任何其他的親戚，即使一些朋友來要求，如果不適合，她也會坦白地說「no」。

講誠信，重承諾

必翔的企業文化是務實，蔣清明常教育員工，不要怕犯錯，犯了錯就要承認，如果推諉責任，受到的懲罰會比犯錯還要重。而且她鼓勵同仁多多讚美其他人，不准有小圈圈。如果一個人的優點足以蓋過缺點，她就會用，即使這個人只有一個對公司有用的優點，如果其他九十九個缺點不會妨礙到公司，她就敢用。

公司強調透明化，上市公司就是要對股東負責，她和董事長兩人一向開誠佈公，沒有秘密。她唯一沒有告訴董事長的一件事，就是當年發不出薪資的事，因爲覺得先生既然解決不了，就不要加重他的負擔。

當初爲了怕員工不了解公司上市後的好處，蔣清明還主動借錢給員工買公司的股票。除了股票分紅配股外，她重視對員工的承諾，也是公司向心力強的原因。

許家菖曾是日商山葉摩托車部門的主管，他到必翔實業應徵採購經理一職時，就跟當時面試他的蔣清明說，他看好電動代步車在高齡化社會的市場，認爲公司具有高成長性，所以希望在五年後自己能從員工變成必翔在台灣的總代理商。

許家菖說，蔣清明眞是一個誠信的老闆，有男子氣慨重承諾的義氣。五年後，他眞的實現了自己的願望，成立合力興公司，專門代理必翔電動代步車在台的市場。

在許家菖的眼中，蔣清明是一個容易吸收新知、學習力強的人。例如在一九九三年間，當時只有三十多名員工的情況下，電腦大外行的蔣清明仍堅持要在公司施行電腦化。

全面電腦化政策招致員工的反彈，有一位主管怕公司花太多錢電腦化會使公司倒閉，威脅要辭職；不少員工也因爲害怕學習電腦，力圖勸阻蔣清明。面對這段陣痛期，她當時只有一個信念，就是「今日不做，明天會後悔」，因此她力排眾議，進行爲期兩年的會計、工廠備料、採購等的全面電腦化革新，果然，過去所發生有訂單，卻因缺乏某零組件而無法生產的窘態就迎刃而解了。

蔣清明說，她指定一位員工負責電腦化事宜，公司自己先作先期規畫，再找一位工程師來協助，員工遇有問題，她馬上協助解決，所以公司的電腦化只花半年的時間就開始上線了，同業有人請了五、六人來做，都還上不了線。目前必翔實業的生產管理制度，從生產計畫展開、執行與跟催、倉儲管理等都已完全走入電腦化作業。

確立國際化目標

生技醫療類股是全世界熱門的股市新寵，必翔如何能成為國內第一家生技醫療類股上市掛牌的公司呢？

當時輔導券商告訴她只能掛牌其他類股時，她二話不說，先洋洋灑灑地寫一篇報告向證券交易所說明：當時美國納斯達克成份股中，舉凡醫療器材均歸屬於生技類股；此外必翔產品經過美國F.D.A檢測，認定為是醫療器材的代步車，比其他屬於醫療耗材生技的公司，更能被確認是生技股。

而且她親自到證交所說明必翔的實力。由於理由充分，交易所接受蔣清明的說法，必翔在二〇〇一年三月二十一日成了台灣第一家上市的醫療生技公司。

在上市之前，其實有多家國外廠商曾表達購併的強烈意願。夫妻倆很高興國外廠商看重必翔的實力，而且其中有一家公司，讓他們覺得可藉助對方的實力達到公司國際化的目標，所以同意由對方收購，但夫妻二人還是保持大股東的身分，合約都準備好了。但是在一次談話中，她發現對方並未計畫將必翔上市，只是因爲必翔可以幫他們賺錢，所以她臨時踩了剎車，決定自行上市。

一步一腳印，務實的經營理念，讓今日的必翔茁壯成世界品牌的地位。蔣清明有時看到協力廠商的老板娘只作接電話或掃地的工作時，她總是會勸她們眼光要放遠，不要自我侷限，要能接受不同的挑戰。誰說老板娘只能是賢內助，其實肯學習新觀念，勇於改革，老板娘也會是很傑出的專業經理人。

嚴守品質第一

必翔的自有品牌，沒有花一毛錢作宣傳，完全是產品自己會說話。蔣清明有信心必翔的產品好到用十年都不會壞，此種保證竟然還惹來經銷商的抗議，說是東西都用不壞，根本都賺不到售後服務和維修的錢。

蔣清明說，必翔的員工少，所以一開始就希望產品出廠後，永遠都不要再回頭。而且必翔的產品電動車主要使用者是老年人及肢障者，爲了不造成使用者的財力負擔以及行動的方便，品質絕對不允許有一點瑕疵。她制定了「嚴守規範、追根究底、滿足顧客」的品質政策，要求全廠員工以「良心事業」的觀念，從新產品的開發到試作、量產各個階段都全力嚴守品質第一的信念，以確保生產品質。

必翔電動代步車與電動輪椅已取得美國F.D.A.、歐盟C.MARK及日本J.I.S等產品的安全規格認證，蔣清明強調，目前世界電動代步車產業中，只有必翔公司同時擁有這麼多的專利與認證。

儘管產品汰換率低，初期市場拓展有一些困擾，但是經過客戶的口碑宣傳，舊客戶不斷帶來新客戶，必翔的市場佔有率也節節上升。生產線的產能提升更是一躍千里，目前月產能已達四千台以上，爲全世界最高產量的製造商。

新廠落成後，年產值的目標是二十萬台，原本預計在五年內達成，現在估計可提前在三年後完成。同時蔣清明也開始進行全球行銷通路的佈局「天羅地網計畫」，成爲全世界第一大廠的目標指日可待。「成功沒有秘訣，要有毅力、有勇氣，能夠接受失敗的挑戰和考驗，無怨無悔地努力付出和不斷的學習。」是她一路走來終能成大局的原因。

以人脈豐富資源

人生成功與否操之在己，無須仰賴別人的判斷

蔡秋菊◆豪勉科技業務副總經理

成功特質

- ◆以人脈開拓市場
- ◆協助客户解決問題
- ◆以客户需求為導向
- ◆開發知識管理系統
- ◆佛法修心寧靜致遠

台灣電子業進軍日本市場的悍將——蔡秋菊，在日本這個以男性爲中心的社會裡，能以一介女流開疆闢土，爭取業務，已屬難得。但她更有本事爲連碁科技拿下日本百年老店古河電工（Furukawa）的OEM訂單，爲成立不久的連碁奠下海外發展的基礎。這段傳奇，也爲台灣的電子業女性高階經理人寫下輝煌的一頁歷史。

現爲豪勉科技業務副總經理的蔡秋菊，被公認是業界一流的sales。她曾單槍匹馬在紐約攻下電子消費性產品的市場，也在日本左右逢源，有著接不完的訂單。從她十多年來，先後任職於智邦科技、連碁科技和豪勉科技的業務副總經理，就可以想見她經營客戶的功力。

一九九一年國內網路科技剛剛興起之際，蔡秋菊就接觸了OEM領域。她以八年的光陰，和智邦科技現任執行長黃安捷胼手砥足，拓展區域網路（LAN）大型OEM的市場，博得了日本客戶的肯定，打下智邦今日飛黃騰達的基礎。這是她在網路事業領域中，最早寫下的一頁輝煌紀錄。

蔡秋菊認爲台灣高科技業應該做有附加價值的產品，最好是有技術又能大量生產的OEM和ODM的路線。先把自己公司的產品線相關資料研讀後，再把國內外相同領域的前十大公司拿出來分析，就可以決定自己應該攻哪一塊最有利基的市場。

以人脈開拓市場

任職智邦期間，蔡秋菊將業務重心放在日本市場上。因日本電子大廠在網路方面的技術起步較慢，使得美國及台灣市場的經營者有更多發展的機會。

開拓市場她很有自己的一套。其中以人脈最爲重要，你有什麼產品，要找到對的人談。在拜訪客戶前，自己要先做分析，知道兩方公司的優缺點，決定自己要切進去哪一塊市場。特別是拜訪國外的客戶，見的都是公司的專業經理人，不太可能見到大老闆，這時你要在兩個小時內就讓對方了解，經由你，他可以在公司得到表現，讓老闆重視他。如果找到對的人交涉，會談後他就會安排測試，再由專業的團隊來進一步洽談。

談生意最忌諱承諾了自己做不到的事。對於自己沒有把握的事，寧可先不賺這個錢，也不要答應了，最後卻無法如期交貨，這會斷了以後合作的路。

「不要專攻人家的核心產品。」，蔡秋菊說，人家生產最多、最好賺的產品不可能交由你來做，但在會談時，人家也不會明白告訴你，因爲他們也想搜集商情，知道台灣的公司在做些什麼。「所以成功的業務人員就是先研究對方的產品線缺少什麼東西，然後把自己的產品變成人家所需要的。」

至於報價更要有技巧。她指出，OEM的價格要從上往下，從外往內談。也就是從市場的價格往回推算，而不是以材料費、加工費再加利潤計算，這樣才能談得成，而且還可能賺得更多。

就通路上，要了解對方是做直銷？還是有固定的銷售層級？有多少層？每一層的業者要賺的錢都是固定的，一定要先弄清楚。例如就歐美的情況來說，大的代理商margin（利潤）是5％，system integrater的利潤是15％，resaler因爲要拜訪客戶，所以要賺30％，再來就直接賣到客戶手上了；如果是店頭，他們至少要30％的利潤才做，因爲客戶隨時可退貨，他們還有店面和客戶維護的成本。

協助客戶解決問題

清楚了通路的利潤後，要再了解這項產品是該公司內部研發的，還是外部研發的。如果是內部研發的產品，成本就可以降；如果是外部研發的，他們可能還要要求再賺一點，例如算到65%的利潤，這時你如果無法配合，也可以去說服他們的財務或該項專案計畫的人說：「因爲由我們作OEM，可以減少你們公司很多的管理費用。」讓對方覺得你是來協助他們解決問題的，而不是爲了賺錢來談判的，有時候他們也會用新的態度來和你討論，才有機會談得成生意。

蔡秋菊說，報價前要找到對方公司內部的人，把包括公司內部和外部的利潤都探聽清楚，這樣才能說服人家。外國的大公司裡，經理人做事希望同時符合公司內部和市場的需求，如果你從這個角度切進去，就容易將產品賣進去。「多了解國外大公司的策略和經理人的心態，做生意就容易多了。」

因爲長期經營日本客戶，讓蔡秋菊累積許多有趣的心得。她說，做日本生意和其他國家不太一樣。即使你知道對的人，到公司去了很多次也不一定會見到本人，一定要找到已經做過這家公司生意的人來當「介紹人」。這種介紹人很管用，所以要多培養周圍的人脈。台灣四十多年來都和日本作生意，所以要找這種人脈不會太難。

在禮儀上，日本人際之間的往來，很重視小禮物的饋贈，也很重視互動，守時且經常性地親自拜訪客戶很重要。想獲得人心，必須針對不同的人，送不一樣的禮物；同時，送禮的貼切性，必須打到客戶的心坎裡。蔡秋菊笑說，由於自己熱愛交友，反映在送禮方面略顯有些天份，送給客戶的禮物多半得體，連帶地也對人脈的建立很有助益。大概見到客戶兩到三次後，就可以正式進行產品的報告了。

以客戶需求為導向

由於多年來在日本市場累積了豐沛的人脈，當蔡秋菊轉戰至宏碁關係事業——連碁科技時，發揮了相當大的戰力。爲新公司打下的江山就是靠取得日本百年老字號古河電工的訂單。

連碁科技成立於一九九六年一月，當時因爲宏碁集團董事長施振榮和當時工研院電通所副所長吳作樂合力推展國家資訊基礎建設計畫（NII），兩人都認爲應將計畫轉化爲實際的產品，因此吳作樂帶領電通所一批優秀的工程師組成連碁。新公司的技術團隊實力深厚，但缺乏業務專才。同集團的建碁科技總經理蔡溫喜建議吳作樂三顧茅廬，禮聘蔡秋菊掛刀襄助。就這樣，兩位詼諧大師一拍即合，開始併肩作戰。

蔡秋菊向吳作樂分析，公司若要做大，承接OEM業務是必走之路。因此，初期北美洲市場即鎖定北方電訊爲主要標的；至於日本市場的切入，名不見經傳的連碁科技，只要能取得百年老店古河電工的信任，未來打入日本市場將很容易。古河電工的經營作風雖保守，但是，目標既已確立，在蔡秋菊的衝刺下，兩家世界大廠的訂單很快地就掌握到了。

蔡秋菊回憶在連碁的那段歲月，最辛苦之處是溝通協調，說服公司內部的工程師應開發「符合客戶需求的產品」，而不僅僅是「最好的產品」。做OEM生意，業務人員僅扮演橋樑角色，重要核心單位還包括PM、R&D及生產部門等。但業務人員要很了解客戶的需求，第一次與OEM客戶開會時，就必須清楚知道客戶的需求爲何？以客戶需求爲導向，才有訂單可接，公司才能生存。

拿下訂單後，依蔡秋菊的經驗，台灣的工廠只要接一兩個國際大廠的OEM訂單，經由對方確認生產的作業流程之後，工廠在五年內一定可以明顯提升產品的品質，達到國際的標準。連碁也就在取得兩個國際大廠的訂單後，在市場站穩了地位。

開發知識管理系統

因爲喜歡人際互動的樂趣，蔡秋菊最感稱職的角色是扮演OEM橋樑的業務工作。但不同性質的工作，也能帶給她不同的快樂。結束轟轟烈烈的OEM業務生涯，目前蔡秋菊任職於台灣網路老店豪勉科技，預計以一年半的時間協助公司上市；同時，也致力於內部企業改造工程，冀望將公司轉型成全方位高科技服務公司。

她上任後就要求公司內部自行開發「知識管理系統」，以利經驗傳承和人員的訓練。這套系統首先用來訓練網路事業處的工程師，以往工程師的育成時間都要一到兩年，才能到客戶那裡去簡報或討論案子。但現在知識管理系統上放有十九位工程師循序漸進的育成經驗和考題，工程師按一定的步驟看完內容，考過試後，就算及格了。育成時間平均由一年五個月縮短到五個月。

這個系統也設有討論區，同一個產品線以前發生的類似問題，新進的員工都可以從老員工的經驗中得到解答。蔡秋菊說，沒有這個系統之前，公司的新進人員要靠老人來帶，被優秀的人帶到的新人就會表現得好，但萬一這個優秀的員工走了怎麼辦？「所以有知識管理系統，企業才可能永續經營。」

再來她要做的是視訊系統。二〇〇二年年中，會在北中南各地的辦公室，各安排十五個座位裝設數位攝影機，讓公司內部隨時可以透過遠距視訊系統交談或開會。這樣就不用一天到晚打電話，可以一邊在電腦上做事，一邊和在新竹、高雄的同事交談。「這種經驗眞的很好。」她開心地表示。

佛法修心寧靜致遠

蔡秋菊雖在商場上叱吒風雲，但並非是刺蝟型或是純「利益導向」的生意人。她給人的印象反倒像位謙沖爲懷的君子。生活空間和諧輕鬆的氣氛，就像她的氣質。品味典雅的屋舍內，盡是深淺不一的原木裝潢，有道木雕鏤刻圖案及篆文的房門，取材自中國大陸。採光良好的書房內掛了一幅來自中國青海省的邊疆民族美女圖。窗明几淨、綠意盎然，置身其中，隨之而來的盡是柔和的心境。書房裡的案頭書不是致富傳奇、追求企業經營績效或權謀論戰的教戰守冊，而是蘊含中國老祖宗豁達人生智慧的陶淵明及李太白全集。

學習佛法也是蔡秋菊涵詠生命智慧的泉源。在競爭激烈的職場上，能讓她寧靜致遠、又能夠笑口常開的秘訣是「禮佛、打坐」。這是她每天早晚必修的功課，蔡秋菊說，清晨禮佛供水，夜晚休憩前打坐，能以「靜」的境界排除內在毒素、調整體質、提升能量和信心。長期打坐後，她覺得自己的思考邏輯變得很乾淨，對人事的敏銳度也提高了。

作爲備受市場肯定的女性專業經理人，蔡秋菊在事業成就的背後，有著她與眾不同的生活哲學。她以自己最受感動的一本書《Path is the Goal》來提醒後輩：「人在追尋無窮的過程中，須知適可而止。不要終其一生，仍爲追求無止境的目標而徒留遺憾。」

人的生命有限，須知自己的體能、精神何時已至登峰造極，了然一切，便能對自己的生活做較好的規劃。藉此學習著將自己的格局放大，人生會有很大的樂趣。

嚮往陶淵明「採菊東籬下，悠然見南山」生活境界的她，追求的不是傲人的業績，而是生命的圓融！

理性思維創新發展

任何難題都會有解決之道

薛文珍◆工研院光電所光電系統組副組長

成功特質

◆在興趣上發揮專長
◆執著理想
◆溝通協調，融合中西方之長
◆以最高標準要求自己
◆無疆界的創新
◆自我期許一定要有所成就

她是機械學博士，但喜歡和人接觸遠勝於和機械相處；專家都是越鑽越深，她卻不務正業，老是跨領域轉個不停；可是她三十初頭，就主持了多項國際研究合作案。工研院光電所光電系統組副組長及影像計畫主持人薛文珍博士就是這樣少見的科技人。

聰明、表達能力強，薛文珍在工研院院長史欽泰眼中是優秀的女性科技人才。工研院光電所第一次和國際頂尖的研究機構MIT合作的「三次元量測與顯示前瞻技術合作開發三年計畫」，就由她領軍，在沒有任何前例可循的情況下，她憑著智慧和管理能力，成功地完成這項三年計畫，獲得今年工研院「前瞻研究傑出獎」的最高榮譽。

薛文珍生長在一個開明的家庭，家中三個小孩，她是老大。因爲父母鼓勵小孩發揮潛能，從不做負面的限制，所以養成正面積極的人生態度。理性與感性兼具的薛文珍，學生時代很活躍，身爲北一女辯論社的社長，辯才無礙來自優異的邏輯思考能力；她也曾獲得台大新鮮人獨唱比賽的冠軍，引吭高歌時充滿豐沛的感情。

父母唯一管過她的一次是在她北一女時，希望她唸理工科，因爲畢業後工作比較好找。當時成績好的同學也都選擇理工科系，加上自己的物理和數學成績不錯，她也以爲自己是喜歡理工的，因此一路從台灣大學農業機械系，唸到美國加州理工學院（caltech）的機械工程碩士和博士。

天資聰穎的薛文珍求學之路非常順遂，可是直到她獲得博士學位時，她發覺在這個領域裡，自己一直沒有歸屬感。她開始嚴肅地思考自己是否適合把研究工程的工作當作一生的志向？她捫心自問，得到的答案卻是否定的。她了解自己的內心深處其實對人文社會的問題有更多的關懷。這點連當初主張她唸理工科系的父親後來都發覺了。

薛文珍在美國考過博士資格後，雀躍不已，立刻寫了一封很長的信向父親報告她準備考試、應考和考後的心路歷程。父親讀完那封信後，非常感動，有次對她說：「小珍，也許爸爸害了妳，妳當初眞該去唸文史科！」因爲那封信寫得實在是太好了，父親這才了解薛文珍另一項珍貴的才華。

不過她自己倒沒有太多的遺憾，因爲她知道自己所學一定是有用的，只是要等待一個適合自己發揮的環境和機會。一九九三年取得博士學位後，她聽從自己內心的聲音，作了一個痛苦的決定，放棄到大學教書的機會，選擇走自己的路。而從小到大一路都很順利的薛文珍，這次也幸運地得到適合自己的發展機會。

在興趣上發揮專長

薛文珍的第一個工作是在美國奇異公司（GE）擔任研發中心工程師，那時她居住在紐約北部靠近Albany的小鎮上，在一次參與華人家庭的聚會中，認識了當時同在奇異任職的同事劉容生博士。也因爲劉容生的引見，她在一場美東華人技術研討會上，結識了中央研究院院士林耕華，因爲他的慧眼識英雄，讓薛文珍找到了屬於自己的天空，得以盡情發揮。

「從小就不務正業」是薛文珍對自己的形容。這反映在她的求學過程，就是跨領域間的變換。大學時代，課業內容橫跨農學院和工學院；研究所的論文和雷射掃描有關，讓她跨進光電領域；後來到GE開發電腦軟體，涉足電腦資訊業，越跨越廣。當她在GE參與一項「專家診斷系統」時，她發現自己另一項特長：她喜歡和人接觸，而且可以和很多人相處得很好。那時她必須訪談許多專家，挖掘專家的專業知識，作為軟體程式撰寫的參考。她可以輕鬆地從專家口中問出許多事情，不僅自己有很大的收穫，而對方也覺得和她談話很高興。比起長期待在實驗室裡，集中焦點鑽研一門技術的工作方式，人與人之間的互動，帶給她的快樂多得多。

當時工研院光電所所長林耕華看到了薛文珍研究能力強、興趣廣泛又善與人相處的優點，邀請她回國擔任光電所「企劃與技術推廣組」的專案經理。這樣的職位和大學教職一比，別人想都不用想，根本不會考慮。可是這對薛文珍卻有莫大的吸引力。

她了解自己，這個職位負責統籌光電所的國際合作計畫與公關，並協助推動全院的前瞻計畫，所以可以廣泛接觸到工研院所有的研究研畫和許多學有專長的同仁，既符合她的志趣，她也可以從中再去找出更適合自己的方向和附加價值。所以儘管友人極力勸阻，她還是欣然接受這個職位，在一九九七年返回台灣。

在光電所企推組服務的兩年間，她接觸到美國、日本、加拿大、歐洲等各地研究光儲存、光電半導體、光纖通訊、多媒體人機互動等不同領域的專家，增廣了個人視野；而她也對光電所內、外的溝通和協調工作發揮很大的功能。

執著理想

薛文珍的個性不會輕易相信一件事，然而，一旦心中有了理想，她就會非常執著。這從她主持光電所與麻省理工學院的合作計畫過程中可以看得很清楚。

這項「三次元量測與顯示前瞻技術」的三年計畫，參與的研究人員有九十多位，主要是爲了開發 3D camera 及 3D display，希望將軟體演算法、影像處理技術和光電硬體技術結合，建立光資訊影像技術，發展像彩色影像處理、數位攝錄影、3D影像與互動、影像輸出等技術，待技術發展成熟後，再把研發成果移植到國內產業界。而除了產品的研發外，最重要也是希望把 MIT 的技術精髓及研究精神引進國內，並且藉此檢視工研院整套從研發到產品化的機制和流程。因爲這是工研院第一次與世界頂尖的研發機構合作。

溝通協調，融合中西方之長

該項計畫的分項主持人陳博濤博士說，三年合作期間雙方曾因文化差異而在交流過程中引起很大的誤會，薛文珍身爲核心管理人員，必須居中溝通、協調雙方的歧見。因爲她不僅具備很高的管理技巧，還有相當程度的執著精神，才能順利解決問題。

薛文珍說，計畫初期，因爲還在摸索合作方式，所以多少需嘗試錯誤。剛開始雙方以爲彼此有共識，所以各自進行計畫，然後再以email和互訪的方式來溝通，既合作也競爭。後來才發現雙方的認知是不同的。再加上文化背景的差異和相隔兩地，運作很不順暢。經過不斷的溝通，她終於發現問題的癥結。

MIT的研究風氣一般較不重視短期的成果，而是重視研究過程的品質與創新，所以他們不斷會有新的idea（創意），也不斷測試idea的可行性。但工研院是成果導向的機構，到一個時點就會要求研究人員適時的展現具體成果。

陳博濤博士也指出，雙方的工作方式也不同。美國的團隊習慣成員共同提出問題來討論如何解決，但東方人行事較保守，比較擔心自己的問題或idea不成熟，而把想法放在心中，多半會在有力的數據憑證下才會發表看法。但這種做事方式個人難以發現問題的盲點，而不開誠佈公，旁人也無從協助，反倒容易錯失成就大事的良機。

後來薛文珍決定截長補短，善用兩個團隊的優勢。她說，美方有很好的idea和論文，可以刺激工研院的團隊發展出新的研究方向。而工研院的長處是可以很快地落實idea，做出成品，所以就在商品化的部分扮演更重要的角色。這樣一來，雙方就可達到互補的效果，發揮具體的效益。

以最高標準要求自己

陳博濤認爲，工研院第一次與世界先進的研發機構合作前瞻計畫，所探討的領域是尖端技術，方向明確，但目標全由研究人員自己定義，初期嘗試性質很高，大家很難在一開始就掌握具體的共同目標。在這種混沌不明的摸索狀況下，薛文珍以開放民主的管理方式，掌握大方向，帶領研究同仁抽絲剝繭完成計畫，最後的成功誠屬不易。

這項「三次元量測與顯示前瞻技術」的計畫提升了工研院的研發能力，也因此在二〇〇二年獲得工研院最大獎項「前瞻研究傑出獎」。薛文珍認爲從這項國際合作計畫中學到最寶貴的經驗，是尖端研究機構在研發過程中追求卓越的本質，不斷以最高的標準要求自己，在每一方面尋求創新。

薛文珍對這個計畫也還有更多的期待。她說，本來這項計畫是從技術和創意的角度出發，但是我們有一個更積極的使命，是希望能慢慢地把整個相關產業帶起來，增加產品的附加價值。因爲三次元的影像可以在人文和科技應用上扮演重要的角色，例如利用這種新工具，可以將藝術家想表現的意象傳達得更清楚，也可以用在精密的手術或是模擬教學上。所以工研院已陸續找了台北藝術學院、故宮博物院和醫院等機構合作，積極推廣，以增加產品的需求面。

我國產業正從過去急起直追的模式，進入建立領導優勢的蛻變期，不但要在科技上創新領先，更要能發展技術創新的應用領域，這是一種策略上的轉折點。

無疆界的創新

透過與MIT的合作計畫，光電所也參與了媒體實驗室（Media Lab）的研發聯盟，成爲會員。這個研究單位的計畫進行方式，讓薛文珍很興奮。這是一個互補性很強，互動也很強的團隊，有藝術家、社會學家、工程師、科學家等各種背景的人，研究如何將電視、電影等大眾傳播媒體，報紙、雜誌等印刷業，以及電腦業等三個完全不同的領域，透過新技術匯集起來。

參與這項計畫的專家很多是在他們專業的領域裡「離經叛道」的人，所以計畫主持人笑稱他們「收容了很多別人不要的人」，但卻因此有許多充滿創意的點子在此處萌芽。而在計畫執行過程中，不同的研究主題可帶出不同需求的核心技術與專業，擁有這些專業的專家自然組成一個專案進行互動，組織高度的彈性化以及整合的能力令人驚奇。新穎的點子不斷提出，「異業」間就不斷的進行重組、整合。對研究人員而言，是很大的挑戰，但也有極大的吸引力。這和傳統上學界將研究重心放在某特定技術領域的實驗室有很大的不同。

和薛文珍共同促成此項跨國合作計畫的功臣是麻省理工學院教授Douglas P. Hart博士。Hart是薛文珍在美國加州理工學院的學長，合作計畫醞釀於薛文珍任職於奇異（GE）總公司時。當時主客觀環境不成熟，因此好事多磨，一直到薛文珍回台灣進入工研院光電所後，因當時行政院政務委員楊世緘積極推動國際合作，希望國內研究機構和國外一流大學合作，因此授權經濟部「技術引進計畫」支持這項合作，才讓薛文珍的構想得以落實。

薛文珍回憶當初，單單只爲敲定此案的合約就耗費幾乎兩年的時間，因MIT的人員不了解工研院的屬性，也擔心未來開發完成的技術若移植到產業界，是否有智慧財產權的保障？因此，初期薛文珍以相當多的心力爲MIT人員解釋工研院的定位與角色，以及尊重智慧財產權的制度規範。當合作案的架構終於建立完成時，薛文珍也充滿了成就感。

這項計畫帶給工研院院長史欽泰一個靈感，希望建立一個機制，打破國內現有研究機構壁壘分明的研究方式。薛文珍說，各個產業的技術或許有共通的地方，如果能打破藩籬，當不同的產業技術需要有交集或是新產業誕生時，研發的速度就可以加快。這種「無疆界的創新」是完全沒有領域的觀念存在，很值得在工研院推廣，這也是未來台灣的研發機構可以和對岸區隔的地方。而薛文珍的角色就是史欽泰口中的「第一顆種子」。

自我期許一定要有所成就

從小到大，薛文珍不論是在學業、事業或家庭上都相當順遂，她說：「幾乎沒有重大的挫折，這可能是我的缺點。」她常常在想，既然自己這麼幸運，就應該對社會有所回饋。

另一方面，擁有這麼多的好條件，不論是自我期許，或是爲了他人的期望，「我都不能甘於平淡。若沒有成就，就太對不起自己和對自己有所期望的人。」因爲害怕自己太順利，運氣有用完的一天；也因爲管理大計畫的經驗，讓她警惕到「每個人都有盲點」，所以她會拜託親近的同事，在發覺自己有錯誤或是盲點時一定要告訴她。懂得自己的優點，也明瞭自己的缺點，大概就是她成功的原因吧！

轉換跑道到工研院是薛文珍人生的轉捩點，以三十五歲之齡成爲工研院光電所系統組副組長，主持跨國的大型研究計畫，讓她深具明日之星的架勢。目前國內光電和資訊領域中，極少兼具技術研發及管理能力的女性專業人才，已經嶄露頭角的薛文珍未來可望更上層樓，繼續發揮她多方面的才能。

戰鬥力百分百

說該說的話，做該做的事

謝幸子◆昱泉國際遊戲部門執行副總經理

成功特質

◆愛做事，做好事
◆逆向操作
◆永不放棄
◆傾聽最前線的聲音
◆嘗試自己害怕的事
◆培養上下一致的戰鬥力

台灣的電玩迷今天在享受超高速快感的原版軟體時，可能不知道他們得感謝十年前掀起國內電玩行銷大戰，堪稱電玩遊戲界大姐大的謝幸子。她也開啓了遊戲軟體智慧有價、忠於原著的新市場。

在電玩遊戲界擁有十五年資歷，穩坐電玩界大姐大地位的謝幸子，在第三波數位娛樂事業處從品管員到事業處總經理的歷程中，她開創出台灣電玩遊戲的盒式新包裝和高價市場，但是自己玩過的電玩遊戲卻不超過十套。她有自己獨到的「吸心大法」，一舉一動都是業界關注的焦點。

當她獲第三波公司頒發十五年資深優秀員工獎時，有一位同事寫下對她的感言：「印象中她一直扮演著公司的救火隊，老闆的得力助手，同仁的良師益友，凡是別人辦不來的事交給她鐵定不會錯，就是這股捨我其誰，我不下地獄誰下地獄的衝勁，任別人想學都學不來。」

「幸子加油，因爲有妳，所以我持有的第三波股票一直還不想脫手。」

這段話現在貼在謝幸子的辦公室中，同仁的相知相惜是她面對挫折時最大的勇氣來源。

半工半讀才完成夜校高中學業的謝幸子，在一群標榜著高學歷的專業經理人中可說是個異數。但她卻堪稱是宏碁第三波大學正科班的畢業生，十五年來，老人凋萎，新人輩出，謝幸子始終屹立不搖。

但是喜歡接受挑戰的謝幸子，現已轉換跑道，到以線上遊戲開發爲主軸的昱泉國際，擔任執行副總一職。因爲線上遊戲的開發與行銷挑戰，對謝幸子來說，是一個很值得面對的經營課題。

愛做事，做好事

十六歲那年國中一畢業，翌日謝幸子就到高雄幸福牌音響公司當線上作業員。第一天因爲不熟悉機器的操作，十個手指當中就有八個手指頭被烙傷。爲了不讓母親傷心，她忍著痛繼續在工廠上班。四年後，讀完夜校高中的謝幸子，也從作業員升爲品管師。謝幸子說，那時一台機台從眼前經過，幾秒中她就能正確地看出bug（毛病）在哪裡。

後來因爲親戚的介紹，她到地政事務所上班。對於一個愛做事的人，公家單位的工作常軌令她窒息。謝幸子說，那一年翻開報紙，剛好看到宏碁正在找品管工程師，她高興地前去應徵，就這樣牽起與第三波的工作緣，一做就做了十五年以上。

由於宏碁的企業文化風格願意給新人學習的空間與機會，所以謝幸子一路經過多種工作職務的歷練，從品管、生產、到開拓南部市場與開辦新遊戲雜誌等。其中從後端品管走到台前業務，對謝幸子來說，是最大的轉捩點。

十年前當第三波總經理王振容要謝幸子接下遊戲產品經理的職務時，謝幸子心理是相當排斥的。硬著頭皮接下這份工作後，卻有一股好奇想看這些玩家或是電玩R&D的人關在斗室中寫程式，到底圖的是什麼？

「原來這群人有一種夢想，從他們臉上談論著如何破解遊戲關卡，或是如何讓玩家能夠玩的痛快，那種眼睛發亮的熱情，讓我一種使命感油然而生，要讓電玩這個產業從負面評價中，轉爲正向的循環。」謝幸子提及這場就業生命如何與電玩軟體界「掛勾」的歷程。她也就是從看雜誌到參與玩家俱樂部的第一線接觸經驗中，找到了電玩遊戲市場中的最高戰略。

逆向操作

很快她就掀起高價電玩的行銷戰。十年前的電玩市場充斥著低價的盜版品。膽子大的謝幸子卻在當時引進日本光榮公司的電玩遊戲軟體進入市場。六百元一套的訂價與國外原版同樣的包裝與贈品，卻讓經銷商與玩家大罵謝幸子「頭殼壞去」，怎麼賣的出去？

謝幸子回憶說，當時玩家因為六百元的高價，指責她破壞市場價格秩序，而經銷商則是對盒式的包裝不滿，認為佔空間，也懷疑能否為市場所接受。她整整被罵了三個月，但謝幸子以「智慧有價、忠於原著」的口號與想法勸服市場接受，告訴使用者為什麼這套電玩值六百元。也對玩家灌輸「典藏品」的新概念，讓他們了解這套軟體與國外版本一模一樣，連贈品都是原版。

價格的試探氣球一放出，掀起話題，也讓玩家們對這個產品的期待更深，謝幸子果然投出一記好球，經銷商也改口稱讚這個「毀滅性的創造」策略。第一次出貨，就帶動玩家在店面口排隊買電玩遊戲的風潮。

一九九二年因爲結婚的關係，謝幸子調到高雄去做市場行銷。眼看著高雄分公司也不過兩名員工，加上市場開拓的資源顯然沒有台北豐富，心裡有些不安，但她是不會這麼容易就被打敗的。

爲了打開南部電玩市場，從沒辦過雜誌的謝幸子，卻創辦了「新遊戲」雜誌。在集團大家長施振榮的支持下，這本原來只爲了幫旗下代理的電玩軟體提供發表空間的雜誌，現在卻已成爲電玩玩家心目中的聖經。此外像是遊戲攻略本的推出，滿足玩家升級的夢想，也是這個電玩界的大姐大最膾炙人口，顛覆市場的新法寶。

永不放棄

「我說該說的話，做該做的事！」一直抱著這種工作哲學的謝幸子也承認，自己對長官而言，可說是個「叛逆」型的部屬。第三波圖書出版事業處總經理林含笑說，相對其他主管來看，也許是謝幸子有一種與第三波休戚與共的革命情感，十五年來歷經企業的起落與景氣的循環，一種老臣謀國的心急，「直言不諱」的態度，也爲謝幸子在第三波贏得「謝大砲」之名。

就拿「Acer Play」的國外合資案計畫與在大陸珠海設立研發中心的案子來說，謝幸子希望將第三波的核心能力朝上游的研發能力延伸，重新定位爲遊戲產業最大的版權交易中心和華人區最大發行公司。但董事會對這個提案有異議，認爲在景氣有疑慮的情況下，應先放緩腳步。謝幸子得知後，在深夜兩點多寫信給董事長、總經理及執行副總，希望說服老闆們不要放棄這個案子。因爲她覺得在網路線上遊戲的版塊中，第三波落後太多了，再不急起直追，日後將會後悔。長官們也感受到了謝幸子的「熱忱」，因此全力再去向董事會爭取支持。

這就是謝幸子「永不放棄」的工作態度。她很欣賞一句話：「沒有什麼事情沒有辦法改變，全看你有沒有眞誠地投入，嘗試做改變。」而她也眞的做到了。

不過工作上難免也會遇到挫折。特別是當景氣不好時，以往所熟悉、拿手的經營規則也會被打亂。很多時候我們害怕失去以往的東西，所以就會照著慣性走。但如果歸零，把自己當作市場的新進者來思考，重新制定遊戲規則，這樣反而可能靈光乍現，想到新出路。

她最欣賞的主管典範是宏碁集團的董事長施振榮。施振榮的胸襟、眼光和管理風格，讓當部屬的她非常願意追隨，所以可以在第三波待了十五年之久。謝幸子印象特別深刻的是去年，施振榮接連遭遇母喪以及公司大火，他還說，也許這樣可以讓我們公司的改革快一點。謝幸子說，這種積極正面的修爲，自己都還做不到。

自稱戰鬥力百分百的謝幸子，對外只用三成的力氣去面對，因爲七成的力氣全用在內部的溝通上。與人相處時，她的信念是「對任何一個人，都需看重別人的優點，容忍別人的缺點。」而且她認爲主管要能分享資訊，同仁了解得越多，就越知道如何去打仗。

傾聽最前線的聲音

她也是一個使命感很重的人。在一九九五到一九九六年間，她促成業界成立金帶獎，替業界培養出不少多媒體的後進，就連在行銷資源的應用上，也都以幫經銷商賺錢的想法爲優先。她和經銷商的往來用的是「同理心」，讓對方的利益和自己的利益有平衡點。雖然當時她已高升爲第三波娛樂事業處的總經理了，再怎麼忙，謝幸子依然要求自己每一季都去拜訪全台各地的經銷商。每當同事質疑謝幸子貴爲總經理幹嘛還跑經銷商時，謝幸子只是俏皮地回答：「因爲我需要傾聽最前線的聲音。」

謝幸子最大的快樂就是發現自己投入後，事情就朝著正向的道路大步邁進。在她眼中，工作的職務沒有熱門與冷衙門的區別，而是端賴著自己能否創造出機會與利潤，所以十五年來她依然樂此不疲。

嘗試自己害怕的事

謝幸子希望留給第三波最大的資產就是「人才濟濟」。即使轉換跑道，很多當年在第三波的員工也轉到同業去，但她相信這些人以後會成爲這個產業很重要的人才之一。而她自己就有高度的求知欲望，而且不怕變。謝幸子說，自己所接受的學校教育不高是事實，也是弱點，與其選擇逃避，不如就面對它。

因爲要面對越來越多的國外代理權談判與合作案，迫使她必須坐上談判桌，並且使用英語。現在每天一大早她就向英文老師報到。而且爲了彌補自己在學習上的不足，進取心高的謝幸子幾乎以自虐的方式，每天一有空就埋在書海中，不斷地看書、看報告。去年初公司指派她參與ERP（企業資源整合規劃）的計畫時，她也是以看書和請教人來讓自己進入狀況。她的用功，看在第三波總經理劉家雍眼裡，直說謝幸子眞有資格去讀 EMBA。

從後勤的品管轉到業務的角色時，謝幸子心裡也有恐懼，因爲自己以前是個害羞的人。但她告訴自己：「我要嘗試自己害怕的事，若能戰勝心中的恐慌，就會得到成就感。」因此她成功地完成許多困難的交易，現在老外客戶來了，她也可以從容應對了。

培養上下一致的戰鬥力

面對電玩遊戲市場的詭譎多變，謝幸子認爲：「明確、快速和細膩的決策是很重要的。」她也不諱言遊戲公司想要在華人遊戲市場佔有一席之地，就只有擁有開發的實力才有長遠的競爭力，這也是她決定轉換跑道的原因，昱泉對開發的投入及堅持讓她感動。形容自己像隻「鬥魚」般的謝幸子說，只待產品的技術及經營電玩的能力能夠橫跨各個不同遊戲的主機平台，昱泉國際發出的戰帖，可是會讓電玩界刮目相看的。

做事高效率

凡事多作正面思考，快樂自在其中

蘇淑津◆明碁集團研發部經理

成功特質

◆好勝心驅動成長
◆努力扮演自己的角色
◆專心培養技術能力
◆掌握產品推出時間點
◆平衡經營人生

蘇淑津曾是工研院電通所史無前例的女性專業經理人，而她所帶領的研發團隊數多次獲獎，績效卓越，從此改變了電通所的文化，提升後期女性工程師被拔擢的機會。她也是明基研發部門歷年來位階最高的女性主管，跨進新的無線通訊領域，只花不到三年的時間，就成爲該領域的領袖級人物，她所主持的「無線通訊計畫」，曾獲得了工研院金牌獎及經濟部的頒獎。

曾獲選一九九六年十大傑出女青年的蘇淑津，也是台灣遠距醫療技術發展的幕後功臣。她運用本土自行研發的伺服器軟體，成功地將遠距醫療的應用導入三軍總醫院及馬祖縣立醫院，讓醫療資源貧瘠的地區，得以使用最先進的影像傳遞技術，獲得醫療協助。

正如電通所前任副所長吳作樂所說，蘇淑津不折不扣，「是位很聰明的女人。」

但聰明不是她唯一的長處，有過貧困的童年，憑著好勝心的驅使和正面思考的力量，她一路勇闖，才掙得了自己的一片天。

好勝心驅動成長

出生於嘉義的蘇淑津，總是笑口常開，即使從小家境不好，但依然樂天知命。童年經驗，到今天再回首，依然常讓她熱淚盈眶。

小時候，她最怕學校老師作家庭訪問，因為以勞力維生的父母，家就是工作場所，狹小混亂的空間，如何招待老師總讓她很惶恐。而且母親也不會說國語，不知如何與老師溝通。

蘇淑津望著疤痕累累的雙手，笑著說：「我並不會因家境不好就自卑，但說眞的，從小我就不太喜歡和女生牽手。因為每當觸摸到她們一雙雙沒做家事的白白嫩嫩小手，我的心裡實在有點兒不好意思。」

因為家境不好，從小就必須分擔許多家務，功課也想要保持名列前茅，所以養成做事很有效率的習慣。經濟上的匱乏並未讓她沮喪，蘇淑津追憶：「我的母親不識字，但她給我的愛相當多。從我小學讀書一直到中學，每天中午我母親不管再忙，一定騎著腳踏車為我送便當；這份愛的表現讓我記憶很深，也因此，我目前為人母，縱使再忙，也常會堅持要爲我的小孩準備便當。」

從小到大，蘇淑津面對惡劣環境的驅動力就是好勝心。「我常告訴自己，只要努力，就可以克服困難，最壞的情況也不就是這樣，沒錢而已。」

每個人都擁有好勝心，但怎麼樣讓這顆心持續，發揮正面的力量，是更重要的。就像擔任了二十多年奇異公司（GE）總裁的Jack Welch，在談改革GE文化時所強調的passion（熱情）。成功沒有偶然，也沒有捷徑，堅持、專注和持續投入是最主要的方法，如果遇到困難就撤退，是不會有結果的。

蘇淑津當年大學主修化學，留學美國時也是申請化學科系，她的夫婿才是學資訊科學。但去美國後，自己申請的學校九月才開學，因此她六月就先在資訊科學系裡旁聽。三個月的旁聽聽出了興趣，因此，她隨即放棄化學研究所，改行專攻資訊技術。

蘇淑津在美國工作將近十年，原先是在美國長堤紀念醫院醫學中心擔任MIS部門主管，但因專攻資料庫及多媒體領域的另一半將赴Bell Core.就職，因此，她放棄原先的高薪，選擇到貝爾實驗室（Bell Lab.）擔任研究員。以男性爲主的

Bell Lab，部門裡的女性寥寥可數，不到十人，而其中有三人已離婚。這也讓她警惕到自己要對婚姻的經營有所負責。

所以嫁雞隨雞，蘇淑津因爲夫婿的緣故，放棄本科改學資訊科技；也跟著先生的工作異動，就連現在，蘇淑津每換一個工作，也必須先徵得老公同意，她才會展開行動。

努力扮演自己的角色

一九九〇年，蘇淑津夫婦決定回國發展。在她到工研院上班之前，有一次電通所前瞻技術中心的主管在找人，當時工研院博士級的同仁對女性近乎歧視的態度讓她嚇傻了眼。沒想到一九九八年，她到工研院無線通訊部門工作，就是管理同部門的人。

蘇淑津從基層爬升，到帶領電通所六十多位工程師的副組長職位，創下電通所第一位女性主管的記錄。她很清楚，在以男性爲主的研發領域中，女性如果沒有加倍的努力，是無法做上那個位子的。所以在管理上，她努力扮演自己的角色，大小事情、輕重緩急處理得宜，只要她所負責的案子，都能貫徹始終完成，不會半途而廢。因爲她的優異表現，性別歧視的問題後來也就順利化解了。

蘇淑津在電通所主持「分散式電腦五年計畫」，主要是開發「多重功能處理機」的伺服器軟體，因爲當年在美國曾從事醫療軟體的研究，因此，前些年NII計畫推動得如火如荼時，她選擇其中的一項重點計畫——「遠距醫療」，進行應用。

她說服三軍總醫院嘗試使用本土發展的PC多重處理機，結果處理的效果不比工作站遜色，而且成功地將影像作遠距傳遞，讓醫療資源貧瘠的地區可以使用最新的影像傳遞，獲得醫療協助。也因爲這項遠距醫療的應用成功導入三軍總醫院及馬祖縣立醫院，讓她獲選爲一九九六年十大傑出女青年。

當這項五年計畫告一段落後，蘇淑津本來有很好的機會轉到業界發展，她也想拓展自己不同的領域。但爲了家庭和孩子，她選擇放棄業界的高薪，以第一名考進中山大學資工系成爲第一屆的博士班學生，轉向無線通訊的研究，這也是研發生涯的一大轉捩點。

專心培養技術能力

蘇淑津曾擔任電通所第一任所長鄭瑞雨的特別助理兩年多，當時有許多機會代鄭瑞雨出席各項會議和研討會，瞭解各項技術計畫內容，所以成長得很快。她說，過去的管理工作，花了相當多的心力在帶人上面；但轉爲特助後，只要專心培養技術能力即可，節省了很可觀的時間；也因此，奠定了她後來鑽研無線通訊技術的實力。

她在二〇〇一年十月從電通所帶領一批技術精英，協助明碁電通總經理李焜耀成立達宙科技，專做「第三代行動電話基地台系統」。目前她就擔任明碁集團達宙科技研發部總負責人。因爲現階段國內僅有達宙擁有實力發展3G基地台系統，她希望以四年爲期，爲台灣創造一個好的系統公司。

不過後來3G的發展延緩，二〇〇二年政府雖已發出五張執照。業界預估要到二〇一〇年，3G市場才可能有所突破，整個大環境對研發很不利。向來只作正面思考的蘇淑津說，我們要勇於接受環境的變化。在產業榮景時，大家的默契比較好培養；不景氣時，就需要更用心去凝聚向心力，讓同仁對你有信心。「領導者第一時間點的判斷很重要。」如何保持原有的技術實力，又能選擇適合的產品，把累積的研究能量引導過去，讓同事沒有失落感，你的說詞也有配套措施能讓他們認同，這才是雙贏。

所以她帶領團隊作腦力激盪，設法將3G的技術作適當的轉換。蘇淑津說，大家都覺得自己像是一個創造者，心情還挺開心的。預計新產品可能一年後就可以看到了，她覺得這個轉型還蠻成功的。

掌握產品推出時間點

現在蘇淑津的角色是融合研發人員的想法和市場的策略，讓公司內部達成共識。因為研發人員追求的是技術的完美，但掌握產品推出的時間點很重要。產品越早出來，利潤越高。所以她花很多時間在溝通上，以形成共識。

以往蘇淑津在美國及台灣，長期擔任研發部門的領導者，而她個人及其帶領的研發團隊也常獲得大獎。她說，碰到阻礙時要堅持，當然判斷事情必須精準，若是錯的事，堅持下去就會死得很慘。她的原則是，如果研究計畫已決定展開，就算之前有不同的想法，還是會用熱情接受，堅持下去。

她說台灣的工作環境和美國的一流大企業比，研發的經費當然不夠多，但台灣還是可以創造佳績。這要看你用什麼心迎向不是最好的環境，我們要是能培養正面的人生觀，透過我們的努力，就可以有一點點的改變，就會有希望。

工作二十多年來，她覺得所獲得的回饋比付出的多，「因爲我對同事眞心相待，同事也都對我很好。我也覺得任何老闆都很好。好的老闆，我向他學習好的地方；壞的老闆，我就提醒自己不要犯下和他同樣的錯。所以不論好壞老闆，我都可以學到東西，所以任何老闆對我都是好的。」這也是標準「蘇淑津式」的正面思考。

一路走來，她最感謝當年尊重女性，又能慧眼識英雄的主管——王輔卿（現爲電通所代理所長），打破慣例擢升她擔任分項計畫的主持人，才讓她有後來一連串的成績。

由於幼年的成長背景，蘇淑津自認爲自己是個很實際、不愛作夢的人。每當有人問她，從事多年技術開發工作，最大的成就感是什麼？她覺得，能與一群很優秀的工程師一起工作，是最快樂的事；至於最痛苦的經驗又是什麼呢？對她而言，每當同仁被半導體公司或 IC 設計公司高薪挖走時，那種心痛的感覺很無奈。事實上，長期以來，她在帶領技術研發部門所感受到的壓力一直都很大，解決之道，除了努力提升自身的技術能力之外，別無他法。

她一向認爲以股票鎖住同仁是很不健康的事，因爲這麼做，在以後大陸跟上來之後，情況會變得很嚴重。她說，不應該以利引誘年輕人，而是要讓他們認爲自己對產業界是有用的。跳槽是爲了造就出第一流的產品，台灣已經是個富裕的社會，應該爲理想折腰而非爲利折腰。

「年輕人是只期待，五年後我累積了多少財富？還是十年後我可以爲下一代留下更好的研發環境，讓下一代可以再往上躍升？」她對時下很多年輕人的短線炒作感到憂心。

她也鼓勵同仁勇於提出反對的意見。她說，李焜耀在宏碁集團是屬於反對黨，但明碁這麼多年來還是茁壯得很好。只要你提出的反對意見不是人身攻擊，而是爲了公司好，有配套措施，就是好事。

她的部屬都叫蘇淑津大姐，有快樂和煩惱的事都願意和她分享。而二十多年來的管理經驗，下一步她希望再作科技管理方面的進修，讓實務和理論充分結合。

平衡經營人生

工作之餘，蘇淑津對家庭生活更是重視。她認為，家庭生活與事業發展同樣都需要用心經營。兩方面能平衡，整個人生才會圓滿。她最感到驕傲的財富，不是個人成就，而是一對兒女能活得健康快樂。

一九九〇年她由美國貝爾實驗室跟隨夫婿返台，主要是希望子女的初階教育能在台灣完成。當時她決定從美國回來，很多同事都跟她說：「妳會後悔的，將來妳的小孩會恨妳。」幸好，這些事後來都沒有發生。

女兒曾經連續九年獲選為模範生，而且連兩年入選美國約翰霍普金斯大學舉辦的資優生夏令營；國科會第一次從全國高一學生中，甄選兩百名優秀學子，接受「人文科學營」的訓練，女兒也獲選了；每個學年，學校老師均以「聰慧」兩字來形容女兒，讓她好有面子！女兒接到史丹福大學的入學許可和獎學金的那天，蘇淑津形容：「那是我從美國回台灣十二年來，最高興的一天！小孩的成就是我最大的喜悅。」

當然，她也付出了心力。兒子就讀新竹實驗中學國二時，由於小時候就讀工研院附屬的光明新村幼稚園，活潑好動慣了，且離開美語環境也有一段時間，所以進入實驗中學雙語部後，初期英文聽力仍有障礙，爲此，蘇淑津花了很大的心力輔導他，才克服了那段學習的障礙。

兩個小孩有美國青少年的活潑，也有東方人彬彬有禮的習慣，看著子女的成長，蘇淑津再次肯定，夫婿當初決定讓孩子回台受教育的抉擇很正確。

蘇淑津對於生命的看法，一直強調擁有「平衡」的人生非常重要。雖然事業、家庭兩頭忙，使她在平常的工作天常感到睡眠不足，而需利用週末補眠。但每年孩子放暑假時，她仍會積極安排全家人一起出遊。事實上，每年暑假和家人一起旅行，已成爲她最喜歡的活動。

她很滿意自己現在的生活，也自認自己是個好命的人。她認爲，一個人一輩子所能累積的事業及財富，命中已註定；人生的耕耘，只要全力以赴，不怨天尤人，凡事多作正面思考，快樂自在其中。

新管理系列05

你也可以年薪千萬

作　　者　李幸秋、趙久惠
總編輯　陳惠雲
主　　編　林岩鋒
內頁完稿　李雅富
出版者　匡邦文化事業有限公司
聯絡地址　116台北市羅斯福路四段200號9樓之15
E-Mail　dragon.pc2001@msa.hinet.net
網　　址　www.morning-star.com.tw
電　　話　(02)29312270、(02)89313191、(02)29312311
傳　　真　(02)29306639
法律顧問　甘龍強律師
初　　版　2002年7月
總經銷　知己實業股份有限公司
郵政劃撥　15060393
台北公司　106台北市羅斯福路二段79號4樓之9
電　　話　(02)23672044、(02)23672047
傳　　真　(02)23635741
台中公司　407 台中市工業區30路1號
電　　話　(04) 23595819
傳　　真　(04) 23595493
定　　價　新台幣230元
Printed in Taiwan
如有破損或裝訂錯誤，請寄回本公司更換

國家圖書館出版品預行編目資料

你也可以年薪千萬/ 李幸秋、趙久惠作,
——初版,——台北市：匡邦文化,
2002〔民91〕
面：　　公分——（勵志成功系列；01）
ISBN:957-455-230-6（平裝）
1.領導論2.組織（管理）3.企業管理—個案研究
494.21　　91008342

讀 者 回 函 卡

您寶貴的意見是我們進步的原動力！

購買書名：**你也可以年薪千萬**

姓　　名：

性　　別：□女　□男　　年齡：　　歲

聯絡地址：

E-Mail ：

學　　歷：□國中以下 □高中 □專科學院 □大學 □研究所以上

職　　業：□學生　□教師　□家庭主婦　□ SOHO 族
□服務業　□製造業　□醫藥護理　□軍警
□資訊業　□銷售業務　□公務員　□金融業
□大眾傳播　□自由業　□其他

從何處得知本書消息：□書店 □報紙廣告 □朋友介紹　□電台推薦
□ 雜誌廣告 □廣播 □其他

你喜歡的書籍類型（可複選）：□心理學 □哲學 □宗教 □流行趨勢
□醫學保健　□財經企管　□傳記
□文學　□散文　□小說　□兩性
□親子　□休閒旅遊　□勵志
□其他

您對本書的評價？（請填代號：1.非常滿意 2.滿意 3.普通 4.有待改進）

書名＿＿＿＿＿＿　封面設計＿＿＿＿＿　版面編排＿＿＿＿＿內容＿＿＿＿＿＿＿＿
文／譯筆＿＿＿＿＿

讀完本書後，你覺得：

□很有收穫　□有收穫　□收穫不多　□沒收穫

你會介紹本書給你的朋友嗎？　□會　□不會　□沒意見

（貼郵票處）

116 台北市羅斯福路四段 200 號 9 樓之 15

五南文化事業有限公司　編輯部　收

地址：______縣／市　______鄉／鎮／市／區______路／街

______段______巷______弄______號______樓